爱·水晶 （第二版）

爱水晶的猫 著

WUHAN UNIVERSITY PRESS
武汉大学出版社

图书在版编目(CIP)数据

爱·水晶/爱水晶的猫著. —2 版. —武汉:武汉大学出版社,2013.9
时尚宝石
 ISBN 978-7-307-10256-9

Ⅰ.爱… Ⅱ.爱… Ⅲ.水晶—鉴赏 Ⅳ.TS933.21

中国版本图书馆 CIP 数据核字(2012)第 261171 号

责任编辑:夏敏玲   责任校对:王 建

出版发行:**武汉大学出版社** (430072 武昌 珞珈山)
      (电子邮件:cbs22@ whu.edu.cn 网址:www.wdp.com.cn)
印刷:湖北恒泰印务有限公司
开本:889×1194 1/24 印张:7 字数:200 千字
版次:2010 年 6 月第 1 版   2013 年 9 月第 2 版
    2013 年 9 月第 2 版第 1 次印刷
ISBN 978-7-307-10256-9/TS·34   定价 39.00 元

"爱水晶"缘起

我从小喜欢觅石、藏石。当别的女孩子收藏发卡、饰品的时候,我的抽屉里是大大小小的石头。成年后,对多少玫瑰与巧克力都不曾动心,而一饼黄铁矿,却让我与当初还是男友的先生相谈甚欢。不久,他以一方马达加斯加孔雀石印章博得芳心。这些年,随着对水晶的了解逐渐深入,我越来越钟爱这种在中国古代被归为"玉"的石头。

水晶,是一种石英结晶体矿物,主要化学成分是二氧化硅(SiO_2),常呈六方柱体和六方锥体,因含微量元素和内包物而呈现各种颜色和景观。许慎在《说文解字》中说:"玉,石之美者。"古人将美丽、润泽的石头统称为"玉"。因此,古代所指的"玉"是广义的,不仅包括现在的各种硬玉、软玉,更包括水晶、玛瑙等其他美丽的天然晶石。按照现在的分类来看,可以说,中国古代"玉"中相当一部分,其实就是现在的"水晶"。

玉(水晶)代表了中国传统文化中最高品质和最高境界的理想。中国人把玉人格化,同时也把人格玉化,它融合了中国人推崇的坚忍、含蓄、内秀的品质。我国自古就有"君子比德于玉"的传统,玉(水晶)还被赋予"仁、义、智、勇、洁"五种德行,所以"古之君子必佩玉","君子无故,玉不去身"。因此,佩戴玉(水晶)石,不仅仅是一种装饰,更重要的,是它可以时刻提醒佩戴它的人，要注意保持君子的德行与操守，用现代的话简单说，就是：做一个好人。

做一个好人不容易，尤其是面对感情纠葛的时候。按照佛家的说法，此生选择的爱，多半是穿越了千万年的时空寻仇觅恨而来的"冤家"。两个人"结缘"，于前生，是"解冤"，要解决过去没有解决好的事情，而如果今生处理不好，将是一种新的"结怨"；于来生，在某个不可思议的时候以某种不可思议的方式，必然会再度"狭路相逢"，这是任何人也无法逃脱的宇宙法则。要想化解一段"冤"（怨），只有一个办法——爱。佛说，恨不消恨，端赖爱止。说来容易，做起来却很难！

不求安慰，但去安慰；不求理解，但去理解；不求被爱，但去爱。

与先生携手走过十多年的风雨坎坷，我们坚持了一段不被亲朋好友看好的婚姻，是因为爱，也是基于一种责任。当初说过"执子之手，与子偕老"，这十多年里，面临种种变故，基于心中所持的"玉"德，我们一路坚持下来。

爱，是将当初的"错误选择"坚持下去。

爱，是经营一段化干戈为玉帛的人生！

　　有意思的是，走过十余年跌宕起伏的日子，随着时间的推移和有意无意的选择，原本的单个水晶宝贝，很多就自然而然地配成了对，品种、颜色、工艺都极其接近……常言道：千种玛瑙万种玉（水晶）。天然水晶品种繁多，千差万别，几乎很难遇到相似的，就算是一块料上下来的都可能相去甚远。可是，偏偏就有一些水晶，经过数以亿计的"地质年代"，跨越了千万年的时空，不早一步，也不晚一步，就这样不可思议地相遇了，让人不得不感叹晶石之灵！

　　人有情终成眷属，石有灵竟成双对，如何不令人感叹娑婆世界"缘分"的奇妙！

　　"缘分"，让物以类聚的同时，使人亦以群分，有越来越多的朋友请我帮忙挑选水晶。水晶是灵石，首先必求其真，而市面上却常常真假混杂。因我颇能提出一些参考建议，帮助朋友们寻找自己心中的真爱，于是，很自然地，一方面与一些水晶爱好者成为朋友，一方面又带动了一些朋友爱好水晶。

　　云无心以出岫。很长一段时间以来，我只是将自己对天然水晶的欣赏与感悟，凝结成简单的文字，写在自己名为"爱水晶"的新浪博客（http://blog.sina.com.cn/ZLH101）上，构筑一片寂然的天地。一个偶然的机会，同样喜欢水晶的朋友章晓妮（网名"冰晓青青"）看了我的博客，甚为欢喜，也颇为感慨，随即以"长沙水晶《如梦令》"为名，在"天涯"论坛珠宝版进行转贴，引起了更为广泛的关注……于是，应武汉大学出版社夏敏玲老师之邀，在重新整理有关博客内容的基础上，有"感"而发，凭"心"而论，除了情感性的介绍与鉴赏外，融入知识性、科学性和趣味性。这样，《爱·水晶》终于以正式出版物的形式面世，为广大读者展现一个美丽缤纷又魅力无穷的天然水晶世界。

在此，衷心地感谢夏敏玲老师，感谢"冰晓青青"，感谢"天涯"珠宝版版主和广大网友，以及所有真心喜爱水晶、希望了解水晶的朋友们的支持和帮助。衷心地希望大家，爱水晶，爱的不仅仅是水晶，更重要的，是透过一颗颗晶莹剔透的水晶，看到那一颗颗充满爱的心，感悟一段又一段"晶"彩人生。

前面必须要说明的

一、关于本书中"水晶"的定义

随着近年天然水晶热的兴起，市场上出现了品种繁多的"水晶"。其中，有一些是属于宝石学、矿物学定义上的水晶类，即石英结晶体矿物，主要化学成分是二氧化硅（SiO_2），但是也有很多严格来讲，并不属于水晶类。因此，"水晶"又有狭义和广义之分。通常情况下，狭义的水晶是指以二氧化硅（SiO_2）为主要化学成分的石英结晶；广义的水晶则几乎包括了除翡翠、钻石、红（蓝）宝石以外的其他天然晶石，既包括宝石学、矿物学所称的水晶类，也包括不属于水晶，却在水晶市场上普遍存在的其他天然晶石，如琥珀、红纹石等。本书所介绍的"水晶"是指"广义的水晶"。

二、关于本书的特点

这是一本将爱融入水晶识别和鉴赏，具有中国传统审美特色的水晶鉴赏类图书。与一般的珠宝类图书不同，作者将生活的温暖赋予冰冷的晶石，于细微处见真情，于方寸中显真爱，有着贴近生活的朴素美与淡定美。

三、关于水晶功能

市场上，水晶往往被誉为"能量之石"——不同的水晶具备不同的"水晶功能"。根据天然晶石的生长特性，其在漫长的地质年代中摄取自然精华，含有不同的微量元素，确实具备某些特殊的"作用"。据《本草纲目》记载，水晶"辛寒无毒"，主"镇心"，"明目去翳"，能"益毛发，悦颜色，治惊悸，安魂定魄"，并且，使用不同颜色的水晶能起到不同的功效，"随藏而治，青治肝，赤治心，黄治脾，白治肺，黑治肾"；因为天然水晶能"补五脏，通日月光"，故久用可以"轻身长年"。国外医学界也有不少关于水晶疗效的报道。随着人们对水晶的深入研究，或许将来会出现一门新兴的学科"水晶学"。但就目前情况来看，作者并不认同将人在某些特殊时候的特殊心理感受，都牵强附会于"水晶功能"的做法。

四、关于水晶的收藏与投资

关于水晶收藏与投资，目前市场上存在着两种截然不同的看法：一种认为天然水晶为"中低档宝石"，没有收藏价值；一种认为相对于翡翠、钻石等宝玉石而言，天然水晶为市场"冷门"，极具投资潜力。诚然，相对于动辄百万、千万元的高档翡翠、钻石而言，几百、几千元的天然水晶无疑是低档的、廉价的。但是，天然水晶的魅力，也许更在于其品种和内包物的多样性，以及蕴含其中的文化特质（如象形内包物）。希望喜欢水晶的人，多一分平常心，少一点功利心，不以市场价值为绝对标准，而用满怀"爱"的心，去欣赏、体悟天然水晶的美丽，以及它带给人的思考与遐想。也许只有这样，才能真正有助于天然水晶走出一条属于它的特有的鉴赏之路，从而更广泛地被人们所喜爱和认可。

五、关于疏漏和错误

宝石学中对于水晶的研究，往往限于一些常见品种的成分是什么；收藏界对于天然水晶，并不特别在意它的成分，而只在意它的天然性、稀有性和文化特质；而无论是宝石学领域还是水晶市场上，对很多水晶的成因及内包物属性，都存在较多争议。尽管作者力求书中有关术语的准确性，但是，由于上述种种原因，难免存在疏漏和错误，请广大水晶爱好者、矿石和宝石爱好者批评指正。

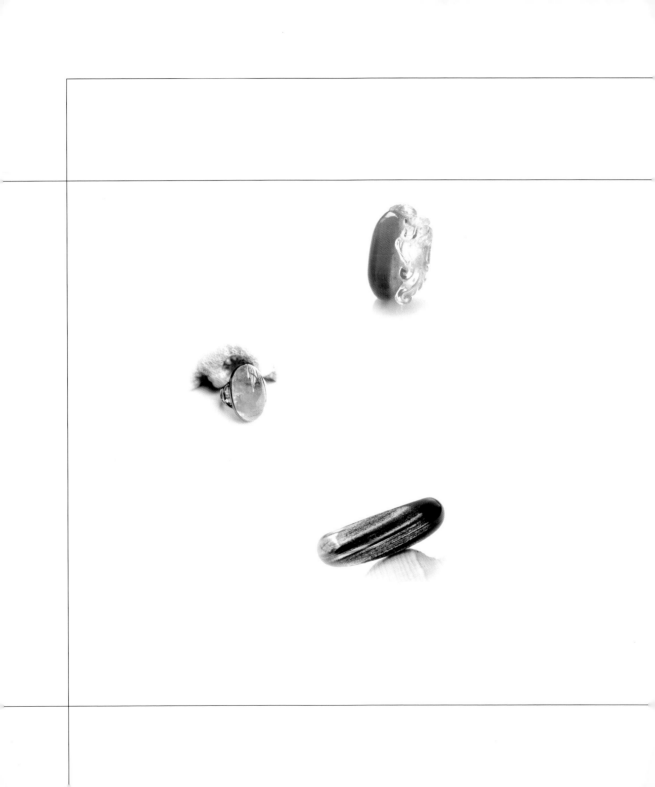

目 录 Contents

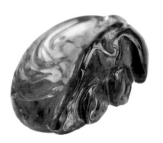

冬声 *crystal winter*

春 梦

花雨缤纷
景石水晶

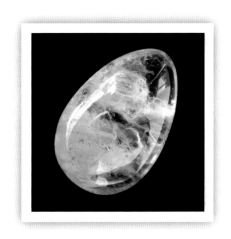

水，是一切生命之源。水，勃发生命的动力，展现生命的精彩。

万物复苏的季节，一场春雨，唤醒蛰伏了一个冬天的生命，大地在涩涩中醒来。春雷滚滚，春雨霏霏，连绵的降水，滋润着万物，孕育、生长着一个多姿多彩的世界。喜欢春天的雨，"随风潜入夜，润物细无声"。春天的雨，伴随着期待，期待花儿的孕育与盛开。

经过一个严冬的禁锢，小草的根茎和大树的枝条，都渴望一场淅淅沥沥的春雨。"雨水"时节，草木从冬天干渴的噩梦中醒来，暗暗地积蓄能量，吸饱了水，开始拼命地生长，准备努力绽放出生命的精彩！

有着发丝和彩幽灵的景石水晶，最容易让人联想到春天花雨缤纷的情形。那晶莹的发丝，有如春天的雨水，细细地，轻轻地，从无垠的天空中飘落下来。微风拂来，它就随风摇摆。它是那样轻柔，那样平等。无论是大树还是小草，无论是泥土还是沟渠，它都一样洒下去，洒下去——原本冰封坚硬的冬季世界，就在这种轻柔的呢喃中，慢慢地，化开来……

景石水晶，是指水晶在天然形成过程中，生成包括发晶、幽灵、晶中晶等多种包裹在内的，构成独特景象的"风景"石，具有观赏价值和文化价值。一般而言，构成景石水晶的元素，通常在两种或两种以上，如"幽灵＋发晶"、"发晶＋石中石"、"发晶＋幽灵"等。也有由单独一种内包物构成景石水晶的情况，比如说绿幽灵和彩幽灵共生，其不同的颜色和形态，也可能形成美丽的风景。

惊蛰之虫
黑银钛水晶

　　春来一日，水暖三分。很快地，春雷开始在云层后震响，蛰伏在泥土里的各种冬眠的动物，纷纷被唤醒。一只毛毛虫感觉到了春天温暖的气息，从土里探出头来，迎风一抖，浑身软软的长毛就在风里招摇，仿佛在呼唤还在冬眠着的小懒虫："快起来，快起来，春天来了！"听到召唤的虫子们，忍不住抢着出来活动活动了，它们争吃树梢上第一枝嫩芽，争睹春天里第一朵开放的小红花……

　　黑银钛水晶，酷似一只只刚从地里钻出来的毛毛虫。它们披着长长的毛，成群结队地出来，初看让你吓一跳，再看就会忍俊不禁——哪来这么多的虫子呀！

　　是谁在号召"虫虫总动员"呢？原来，是春姑娘！

　　黑银钛水晶少见而特别，可算得上是水晶家庭中最具气质的一员。颜色黑亮的黑银钛，高贵内敛，以其桀骜不驯的编织形纹理而有着"黑蜻蜓"的绰号。黑银钛也是发晶族群之一，里面带有金属光泽的发丝非比寻常，有资料说它是硫化矿物的一种，叫辉锑矿（Stibnite），也有说它就是金红石。黑银钛常有强烈的猫眼效应，产量少，品相好的更是稀少，因此是近年水晶市场上出现的一匹"黑马"，以其稀有、美丽和另类而受到水晶藏家们的追捧。

黑银钛水晶，酷似一只只刚从地里钻出来的毛毛虫。
它们披着长长的毛，成群结队地出来……

迎春花开
琥珀(蜜蜡)

乍暖还寒时候，迎春花开了。在冷风冻雨里，瑟瑟地，抖出一串串鲜亮的小黄花，瀑布般，迎风绽放。

蜜蜡有点象迎春花，娇娇的，软软的，温润的质地，嫩嫩的黄。蜜蜡是初春的宠儿，那样轻，那样娇，那样润，那样令人怜惜。不忍心它被冷风吹，被阳光晒，于是，把它轻轻地挽在手上，拢进袖口里。蜜蜡是懂事的孩子，你对它好，它很快就知道回报。一串好蜜蜡，如果戴得多了，它会慢慢地变色，变红、变透、变润，变得更加美丽。岁月的积淀，会让变"老"了的蜜蜡，更加身价不菲。

人们很难想象，数千万年前，蜜蜡不过是大树的一滴眼泪，不小心滑落在尘土里，沉沉睡去。这一睡，就是数千万年，而当它被从土里寻出来时，那一缕一缕缥缈的纹理、灵动的光泽，依然一如当年。

把蜜蜡的故事抖落开来，有着一些不得不说清楚的话题。

俗话说"千年琥珀万年蜡"，究竟什么是琥珀，什么是蜜蜡？其实，琥珀与蜜蜡一样，都是树脂化石，因它们所含琥珀酸的多少，而有所区别。通常情况下，按照琥珀收藏界的习惯，称所含的琥珀酸较多的为蜜蜡，而称含琥珀酸较少的为琥珀。蜜蜡并不一定都不透明，比如"晶蜡"就很透明，但它却含有较多的琥珀酸，因此是透明的蜜蜡。为方便起见，水晶市场上，习惯将蜜蜡列为琥珀的一种，并将不透明的琥珀统称为蜜蜡。

由于种种原因，琥珀收藏界与宝石界对琥珀的认定，有着不尽相同的标准。

收藏界对琥珀（蜜蜡）的定义，基本限于老琥珀与老蜜蜡。收藏界所说的老琥珀、老蜜蜡，是指形成年代距今 2000 万至 6000 万年的琥珀与蜜蜡，石化程度相当高。而所谓的新琥珀、新蜜蜡，是指形成年代距今仅数百万至上千万年，未石化或者尚未达到完全石化程度。并且，收藏界完全排除人工优化因素，讲究的是原汁原味。

珠宝界通常将天然形成的树脂化石归入琥珀（蜜蜡）类，并且，不排斥热处理这种在宝石学上被列为优化的方式。

琥珀（蜜蜡）有一个很奇特的物理性质，能在饱和盐水中上浮。将琥珀（蜜蜡）投入一杯清水中，会看到琥珀沉在杯底。在水中慢慢加入食盐，加至食盐不再溶化（饱和盐水）时，在这个过程中，就会看到，琥珀（蜜蜡）一个一个上浮，最后全浮在水面上。当然，这并不是区别天然琥珀与人造琥珀的保险方法，但它不失为一个好方法，也是一个好玩的小游戏。不过要注意的是，在做这个小试验前，一定要记得把穿珠子的线、搭扣、吊扣等"杂质"取下来。

血珀

一块生普经过慢慢陈化，时间长了，就成了熟普。如果通过现代加工技术，将当年生产的生普进行人工渥化处理，也可以在短期内熟化，这种快速熟化的熟普一样被市场认可，视同自然转化的熟普进行销售。

关于血珀，也有异曲同工的话题——它是不是天然的？血珀有天然的。但是，市场上所能见到的血珀一般都不是天然的，而是人工优化处理的结果，即通过加热（不是随便就可以加热的，有火候讲究），将天然的琥珀、蜜蜡，烤成"血"色。这种烤色血珀与天然血珀并没有太多的不同，因为，血珀是自然氧化的结果。也就是说，一块纯天然琥珀，经过时间的洗礼，通常情况下，大约在 50 年以后，也会自然转化成血珀。从宝石学上讲，将普通琥珀"熟化"成血珀，这种人工优化方法是被认可的，毕竟，它只是加速了转变的过程，而并没有引起根本性质上的改变。

当然，如果是一个老茶客，可能会很在意熟普的转化过程，不认可在市场上得到广泛认可的人工优化熟普，在他们眼里，只有经过时间洗礼的熟普才是"熟普"；正如一个挑剔的藏家，可能会很在意血珀的转化时间，而不能认可人工优化这种方式，在他们眼里，只有经过时间洗礼的血珀才是"血珀"。于是，歧义产生了，纷争产生了……

一件东西是"真"是"假"，有时候，并不在于那件东西，而在于个人的认可程度。

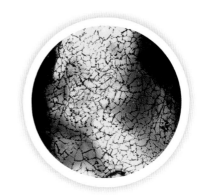

爆花蜜蜡

《菜根谭》有云：花看半开。

赏花，当赏半开的花。花初开时，过于青涩，无甚情趣；花开最盛时，是"盛极而衰"，是由盈转亏的当儿，赏来未免神伤。半开的花最好：成长之中的它，是灵动的，在期待之中，渐渐趋于圆满，一步一步地走向辉煌。美，在于过程，不在于结果。

一块嫩黄的蜜蜡，随着时间的推移，会慢慢地变"老"——不仅仅会变红、变润、变透，而且有的时候，还会"开花"，即"开"出一种半月形或者浅碗形的"花"。这是蜜蜡的风化纹或天然的爆裂纹，俗称"爆花"。天然未处理蜜蜡的"爆花"，其形成需要漫长的时间，它是自然经历的过程，是岁月的印记，是时间的留痕，呈很自然的状态，耐人寻味。

热处理琥珀

琥珀的"睡莲叶",又叫"太阳光芒",让人感觉很温暖、很惬意,甚至,很慵懒……

如同世界上找不出两片一模一样的雪花,自然界也找不出两块一模一样的"睡莲叶"。天然琥珀在形成过程中,经常包裹了很多气泡。在热处理时,这些气泡因温度的升高而发生爆裂,形成大大小小、形状不一的"睡莲叶"。由于气泡的大小差别和分布的不均匀,这些"睡莲叶"会呈现不同的大小和形态。这也是热处理琥珀的看点和亮点之一。

从行业标准看,琥珀的热处理是优化手段的一种,目的是为了增加透明度,处理后的琥珀化学性质稳定。根据国家有关珠宝玉石命名规定,热处理后可直接使用珠宝玉石的名称,鉴定证书上不需要附注说明。因此,热处理琥珀是属于行业认可的。但是,这种行业认可的热处理琥珀,目前还没有得到琥珀收藏界的普遍认可。

春回大地
碧玺

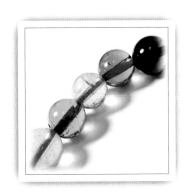

春天是什么颜色的?

树枝上有绿的嫩芽,早开的是娇黄的迎春,樱花可能还要些时候吧。一只蓝背的翠鸟站在枝头,盯着青青的水面,等待着一尾肚皮雪亮的小银鱼,或者一只虎头虎脑的、黑黑的小蝌蚪……春天,是彩色的!

如果用一种宝石来形容春天,也许,非碧玺莫属了。碧玺的色彩非常多,一如春天的颜色。

碧玺,英文名称为 Tourmaline,是从古僧伽罗语 "Turmali" 一词衍生而来的,意为 "混合宝石"。我国的一些历史文献中,称之为 "砒硒"、"碧玺"、"碧霞希"、"碎邪金" 等。碧玺在矿物学中属于电气石族,颜色多种多样,有无色、玫瑰红色、粉红色、红色、蓝色、绿色、黄色、褐色和黑色等,其中以蔚蓝色和鲜玫瑰红色为上品;玻璃光泽,透明至半透明,硬度 7~7.5;具有压电性和热电性,这也是电气石名称的由来。多色碧玺中,"西瓜碧玺" 最珍贵,最受欢迎。

如果用一种宝石来形容春天，也许，非碧玺莫属了。
碧玺的色彩非常多，一如春天的颜色。

　　说到碧玺，不得不提到的人物是慈禧。碧玺是慈禧的最爱，在她的殉葬品中，有一朵用碧玺雕琢而成的莲花，重量为 36.8 钱，当时的价值为 75 万两白银。

　　美丽的碧玺，这种号称"水晶之后"的彩色宝石，还有个难听的外号，叫"吸灰石"。一块碧玺，如果静置得太久，就会把身边的灰尘都吸附拢来，慢慢变成"灰头土脸"、"蒙尘纳垢"的样子。仔细想想，碧玺真的很"女性化"，如果没有人呵护，没有人将其捧于掌心、珍爱有加，它就会生气，就会"灰头土脸"。一个容貌美丽的女人，失去他人的爱，也许还能美丽，如果失去自尊自爱，就难免会"蒙尘纳垢"。

西瓜碧玺

　　儿时的记忆中，只有等到夏天才会有西瓜吃，虽然看上去也许并不太红，但咬一口，甜甜的汁水，便散发着清新的香气，顺着嘴角，一直流下来，滴在衣服上。捧着厚厚的一片西瓜，吃到最后成"洗脸"式，会有无比的幸福感与满足感。吃完了，到处疯跑了去玩的时候，都能带着一身瓜香！

　　不知什么时候开始，大棚种出的西瓜成了四季常备果品。也习惯了装模作样、装腔作势地，在宾馆的茶座或者咖啡厅里，用吸管慢慢地啜饮西瓜汁。那滋味，淡淡的，甜得有些怪。一丁点儿香，聊胜于无。总以为在下一个地方，遇到的下一杯西瓜汁，会一如当年，却始终没有。于是，后来无论走到哪里，固执要的饮料，永远只是——茶。

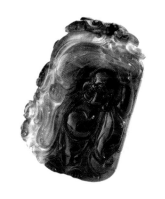

碧玺中，有一种叫"西瓜碧玺"的，自古就很受青睐。

碧玺中，有一种叫"哈密瓜碧玺"的，不过是东施效颦。

尽管都是"瓜"，但瓜和瓜，绝对不一样。

"绿皮红瓤"的，是西瓜碧玺；"青皮黄瓤"的，是商家拿着彩碧说事，造出来的所谓的"哈密瓜碧玺"，自古就没这说法。不过，时势造英雄，英雄也造时势，说不定哪天大家都捧着"哈密瓜碧玺"当宝贝也未可知呢？

历尽千般，才知平淡是真；繁华过后，方觉简单是福。

世事纷繁，我只想简单。

如果可以，想寻找一个岛，搭个树屋居住。和爱的人一起，去种西瓜和花；用西瓜碧玺，换盐巴和茶。白天下地，夕阳下，牵手回家……

"桃"之夭夭
红纹石

桃花开得早，早春时候，淡粉的、深红的花苞，就在光光的枝条上，星星点点地冒出来。一朝春风，一夕春雨，各种深的浅的花骨朵儿，就迫不及待地站上枝头，有的含羞初绽，有的早已大大咧咧地笑开了。"桃花依旧笑春风"，这个"笑"字，把桃花的妖娆之态写活了。谁能想到，有一种石头，竟然娇艳如桃花呢？

红纹石，学名菱锰矿，色泽来自其基本组成之一的锰离子，呈现或深或浅的粉红色调。通常在粉红底色上可有白色、灰色、褐色或黄色条纹。冰种红纹石晶体可呈透明的深红色，非常美丽、稀有。红纹石有着"印加玫瑰（Inca Rose）"的美誉，其最古老的矿床位于南美洲阿根廷的安第斯山脉，是阿根廷的国石。南美印第安人相信他们古老的祖先、圣者、大智慧者在转世后，其高贵精纯的能量就会化为红纹石。

红纹石有着令人惊艳的美。在一个凡是女人都被称为"美女"的时代，在街角小店看到红纹石饰品，也堪称一段"艳遇"吧！当然，红纹石的艳丽，有着不同的等级。正如"美女群落"一样，有面朝地掉下来的天使，也有风姿绰约的绝世美人。红纹石的摩氏硬度低，只有 3~5，轻微的摩擦都会伤害到它，因此，红纹如红颜，很娇柔，需要小心呵护。

看到品质与价格都"更上一层楼"的冰种红纹石，谁相信它是纯天然的？谁还能认出它就是大名鼎鼎的菱锰矿？这种美丽得很过分的东西，颜色让人联想到"桃"之夭夭，其昂贵的价格，恐怕也能让人"逃之夭夭"。

逃之夭夭
黑曜石

　　有一种缘分，已婚人士避之不及，未婚人士趋之若鹜，这就是"桃花"。人们通常把桃色事件称为"绯闻"，也是取了桃花粉嫩的"绯"色。

　　桃花又分为正桃花和烂桃花，分别代表正缘和孽缘。正桃花是指好的缘分，能促成婚姻或一段佳话；烂桃花则是夙世债主找上门了，看上去是"绯"事，后果却不堪设想。为了避开这种孽缘，很多人选择佩戴"黑金刚武士"——黑曜石。尤其是很多结了婚的痴情女子，为了避免丈夫在外面遇到桃花，便将黑曜石制品拴在丈夫的腰带上，以求辟邪、辟桃花的双重功效。

　　黑曜石经常被雕成"小狐狸精"，这是一种很反传统的题材。仔细一想，其中意趣颇值得玩味。大概每个男人所娶的女子，都是曾经把自己迷倒的"小狐狸精"。为人妻的女子，就把代表自己的、用黑曜石雕的小狐狸拴在丈夫身上，无非是为了告诉其他的"小狐狸精"——"我在这儿呢，离我老公远点！"

　　将黑曜石雕成"小狐狸精"的形象，还有一个重要的原因就是，好的黑曜石通常带有"彩虹眼"，即光滑细腻的黑色石头上，有着如彩虹般的光晕，颜色、大小不一，令人着迷。

　　看这只小狐狸，眉眼间，有一股子灵劲，宽大的额头，忽闪忽闪的大眼睛，既有着孩子般的

稚气，又有着精灵般的聪明神韵。小狐狸的看相十分灵动，是因为选取的高档黑曜石材料，并巧妙地利用"彩虹眼"的特点进行雕刻，让小狐狸的脸上自然呈现一圈一圈的彩色光晕，这样，平凡的黑曜石就产生了一种自然而然的、灵动的美。

很多人都以为黑曜石并不属于水晶，但是它的主要成分也是二氧化硅。

黑曜石是火山熔岩迅速冷却后形成的天然玻璃，又称"黑金刚武士"、"阿帕奇之泪"，极度辟邪，能强力化解负能量，常被用来制成镇宅、辟邪、辟桃花的风水制品和饰物。黑曜石通常呈黑色，但是也可见棕色、灰色和少量的红色、蓝色甚至绿色。黑曜石有可能是全部单色，或有条纹，或有斑点。有些内含物令黑曜石有着金属光泽；有的内部的气泡或结晶产生一种"雪花"效果，形成"雪花黑曜石"。

百花争艳
玛瑙(玉髓)

　　春天是百花争艳的季节：黄灿灿的油菜花、红彤彤的杜鹃、粉白粉白的樱花、蓝中带紫的鸢尾……争奇斗艳，美不胜收。水晶家族中，也有一颜色、品种非常多的人类——玛瑙（玉髓）。

　　玛瑙和玉髓均为隐晶质石英。宝石学中，将其中具条带状构造的称为玛瑙，将无条带状构造的称为玉髓。赏石界大名鼎鼎的、以色彩斑斓取胜的雨花石，就是玛瑙的一种。被誉为神奇能量之石的西藏天珠，其主要矿物成分也是玉髓。

　　玛瑙（玉髓）是石英的变种，是由二氧化硅沉积而成的隐晶质石英的一种，具有脂肪或蜡状光泽，半透明。从切开的玛瑙剖面可以看到由灰、白、红、绿、淡褐、淡蓝等多种不同颜色组成的同心圆、波纹、平行层或条带状。玛瑙是自然界中分布较广、质地坚硬、色泽艳丽、纹理美

观的宝石之一，种类很多，有条纹玛瑙、苔藓玛瑙、水胆玛瑙等，因此民间有"千种玛瑙万种玉"之说。

玛瑙是佛家七宝之一，用途非常广泛，可以作为药、首饰、工艺品材料、研磨工具、仪表轴承等。玛瑙的质地非常紧密，是用来对金银器进行抛光的最好工具。如果金银器的色泽暗淡了，用玛瑙磨一磨，金银器立刻就会焕发出新的光彩。

市场上很多玛瑙（玉髓）是通过后期加工着色的。玛瑙（玉髓）的加色工艺由来已久，颜色性质相对较稳定，着色方式非辐射，不会褪色。国际和国内对玛瑙（玉髓）的某些人工着色方式是认可的，根据有关行业规定，销售时可不加特别说明。

花样年华
粉晶

　　对于女孩子来说，粉晶是不是有着不可抗拒的诱惑？接触水晶，好像大多是从粉晶和紫晶开始的。尤其是粉晶，粉嫩颜色，水样光华，一如天真烂漫、娇美动人的花季少女。

　　粉晶，又名蔷薇水晶、芙蓉水晶，有着"人缘水晶"、"爱情水晶"的美誉。粉晶因内含有锰、钛离子而呈现粉红色，如果长时间接受阳光曝晒或者接触化学用品，便会失去娇嫩的色泽。这一点，似乎也符合蔷薇花、芙蓉花的特点——美丽、娇艳而短暂。

　　那么爱情与人缘呢？最初的好感，并不能支撑长久的责任与信任。有了良好的第一印象只是一个开端，更重要的，是需要长时间用真心去促进彼此的关系。粉晶是需要呵护的，一如花季女孩和美丽的爱情。也许演艺界的人更能体会这种情感的娇弱吧？一段蔷薇般美丽的感情，一旦曝光，一经曝晒，往往，就结束了。

　　粉晶通常分为传统粉晶、芙蓉粉晶、冰种粉晶和星光粉晶四种，各个类别之间能再细分下去。传统粉晶产量多，内部常见白色石纹、天然云雾或冰裂纹，并且不透明。芙蓉粉晶稍具透明度，晶体质感圆润、色泽娇嫩，晶体表面光泽如水般饱满，甚至呈现油脂般光华温润的质地。冰种粉晶具有高度的通透性，品相好的冰种粉晶具有粉晶的粉嫩质感，而内部有天然云雾或冰裂纹。星光粉晶在单一光源下可观察到四芒或六芒的"星光"。

　　星光粉晶又分为内星光和外星光两种。内星光通常棉裂少，晶莹透亮，对着光看，能看到四芒或者六芒的美丽"星光"。外星光通常不透，但颜色较一般粉晶略浓艳，在阳光下转动一个外星光的粉晶球，能看到一些橘色或金色的"星光"在球上游走，真可谓是"流光溢彩"啊！

　　要想拍出内星光粉晶的"星光效应"，其实挺简单，点光源——星光粉晶——相机，三点一线，就能拍出六芒或者四芒"星光"。当然，星光粉晶的品质不一样，看上去的颜色可能不一样，拍出的"星光"也可能有强有弱。

灵性之源
紫水晶

初见时的好感，
也许只能维系短短的一段时间，
长长久久地相处，则需要智慧啊！

　　自古，人们就常常对世界的感知加以概括提升，并重新寄托在某种外物上，形成了种种花语、晶语、石语，借以表达自己的主观情感。这些寄托，有的颇有内在联系，有的仅仅只是一种美好的心理愿望。

　　一般习惯上，东方人认为紫水晶代表智慧，能提升灵性。因此，有人借助紫水晶冥想，也有小孩戴着紫水晶去参加考试，以求其"功能"，并获得心理上的安慰。西方人则将紫水晶称为"爱情守护石"，紫水晶常常成为情侣之间的定情信物，或者爱人之间互赠的礼品。乍看上去，这些事有点风马牛不相及，但是仔细一想，如果说紫水晶是灵性之石，那么用它来提升智慧，是再恰当不过的了。相爱的两个人要如何才能长久地相处呢？初见时的好感，也许只能维系短短的一段时间，长长久久地相处，则需要智慧啊！如果说粉水晶可以招来人缘，那么要维持良好的关系，则需要紫水晶了，因为紫水晶代表智慧。

紫水晶是水晶家族里高贵、美丽的一员，其外号颇多，有"爱情水晶"、"智慧水晶"、"招福水晶"、"风水石"、"能源石"等。紫水晶是一种棉裂较多的水晶，因此，棉裂越少的紫水晶通常等级越高——无论是深紫还是浅紫。如果一颗紫水晶晶体透、颜色深，发出一种类似红光的"火彩"，那就是一颗非常美丽的紫水晶宝石了。

鉴别紫水晶相对简单。一般来讲，天然紫水晶通常有较多的棉裂，并伴有色带。虽然人造紫水晶也有类似色带状物，但其颜色呈平行的呆板状，毫无天然品的自然之趣。通常，转动一颗水晶，从棉裂的分布情况、颜色的深浅变化、色带的不规则排列，就可确定是否天然品了。这是针对手串和较大颗的项坠而言。如果只是一颗小小的裸石，如戒面、小颗镶嵌石等，由于颗粒小，取料可以更讲究，在这种情况下用以上方法鉴别，就会有失准确。对于小颗粒镶嵌料的鉴别，经验只是一方面，最好是借助于专业的仪器和工具。

名"镇"一方
紫晶洞

　　紫晶洞，被誉为"最佳风水石"，民间风水师常将它作为镇宅、辟邪、招福、纳财的工具。"镇"，有压制、安定的意思，风水学说中，很讲究宅居的"镇"性，即安定性、稳定性。抛开那些玄之又玄的"功效"不说，摆个颜色幽深的紫晶洞在家中一隅，不失为一件非常有个性的摆设，也算是名"镇"一方了。

　　紫晶洞的价格不仅跟重量有关，更与品质有关。通常情况下，紫晶洞的颜色越紫，洞越深，价格越高。而就颜色论，以"乌拉圭紫"为上品。"乌拉圭紫"颜色幽深，几乎接近黑色，晶牙通常很细小，泛着细碎的光，黝黝的，带有一层幽幽的、暗红色调的光彩。还有一种"乌拉圭紫"，暗紫色的晶牙中长着金灿灿的钛晶花，非常小，平时看不出，当有灯光照上去的时候，就会闪现美丽的光华，别有一番味道。"乌拉圭紫"之下就是"巴西紫"了。"巴西紫"晶牙大，颜色较淡，晶体棉较多，所以，再怎么漂亮的洞型也无法与"乌拉圭紫"一较高下。

市面上有很多看上去黄灿灿的所谓黄晶洞，大部分是人工烤色所致，即将品质一般的紫晶洞通过加温，改色成黄晶洞。仔细观察，会发现很多黄晶洞有被"烤煳"、"烤焦"的现象。

和水晶一样，紫晶洞也有特例。有的晶洞也许并不是很紫，甚至，不是紫色，但是，如果特别、罕见，同样奇货可居。

无中生有
聚宝盆

人们总是将美好的希望寄托于一些
自然形成的美好物质。

　　与晶洞的形成和作用相类似的，还有一种聚宝盆——天然水晶玛瑙聚宝盆。它是天然形成的"盆"。它原本是"球"状中空物，一剖为二，就成为有"底"有"盖"的聚宝盆了。水晶玛瑙聚宝盆属于石英家族，外层为玛瑙，里面常常有许多晶莹剔透、洁白细腻的水晶结晶，甚为奇妙。摆放聚宝盆，可以打开，也可以盖上。打开时寓意纳气、蓄气，盖起来寓意孵育、强化。

　　人们总是将美好的希望寄托于一些自然形成的美好物质，因此，天然水晶玛瑙聚宝盆也被赋予了美妙的寓意，常被人们用作祈福、许愿的器物。于是，人们喜欢将它摆放在存钱罐、收银机、保险柜、钱柜等与"财"有关的物什附近，希望能聚气、聚财。也有人将在寺庙、神社求来的幸运符，放在自家的水晶玛瑙聚宝盆里，希望能储存、滋生、增长福慧。一个中空的"盆"，被赋予了"有"的意义，聚宝盆的作用，从心理上讲，也是希求得到"无中生有"的财富。

　　如果是为求得一种心理上的安慰，在挑选聚宝盆时，就可以选择并不十分漂亮、珍稀的品种，只需挑个头大的就行。但要特别注意一点，一定不能是"漏"盆。意义是不言而喻的，好不容易聚集的财富，在悄无声息、不知不觉中"漏"掉了，是一件非常不爽的事呢。

　　另外，还有一种特别袖珍的天然水晶玛瑙聚宝盆，小到盈盈可掬，可谓"掌上明珠"。它有一个特别好玩的名称叫"雷公蛋"。雷公蛋其貌不扬，外壳上有瘤状及独特的肋骨形状线条，外壳之内即是玛瑙或玉髓层。每一个雷公蛋的"蛋壁"都有独特的花纹，内部也可能包裹着不同的矿物质。雷公蛋内的结晶方式多变，可能

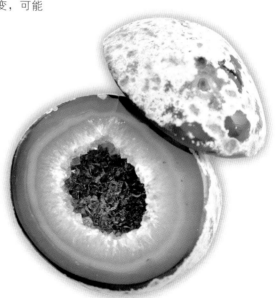

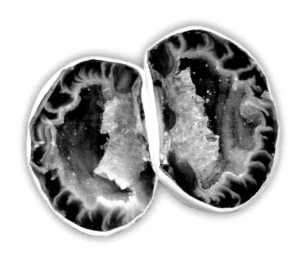

是极小的水晶柱，成群地生长着，也可能是一根根小晶柱独自站立在蛋中央，五颜六色的，有时还会共生着方解石、蛋白石、沸石、辰砂……映着光照，亮晶晶的，犹如初春即将融化的雪地一般，充满了诗情画意的美，让人不得不赞叹大自然的鬼斧神工。雷公蛋具有奇特、美丽和易收藏的特点，因此，世界上有很多痴迷于收藏各种类型雷公蛋的"雷公蛋迷"。

雷公蛋（Thunder—Egg）为美国俄勒冈州的州石。对俄勒冈州人来说，雷公蛋自古以来就一直扮演着重要的角色。

印第安人古老的传说是这样的：在白雪覆盖的互得山（Mt. Hood）和杰弗逊山（Mt. Jefferson）山顶凹处，住着两个雷公神，因故失和，大打出手，除了以打雷和闪电互相攻击之外，还投掷大量的圆形石块。这些圆形石块，就是这两个怒气冲天的雷公神从雷公鸟的窝内偷取的蛋，因此，这种石头就被称作"雷公蛋"。

以"七"为美

七星阵

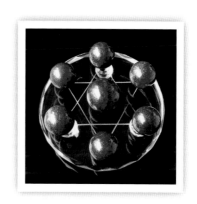

根据《周易》的有关理论，"七"是一个周期。

根据《周易》的有关理论，"七"是一个周期。这一奇妙的周期，不仅跟天文地理有关，还跟人体自身的血气运行规律有关。中医在这方面有着独到的研究。

中医是一门十分博大精深的学问，它的原理，不仅能运用在治病救人方面，也能运用到治国安邦方面。按照中医理论，最厉害的中医，并不是"能治"的，而是"会防"的。最高超的技艺，不是"治已病"，而是"治未病"，是"为之于未有，治之于未乱"。可见，中医养生有其独特的发展背景和科学意义。

有意思的是，"七"在世界其他传统文化中，也扮演着举足轻重的角色。现在世界各国通用的一星期七天的制度，最早起源于古巴比伦。公元前7世纪至前6世纪，巴比伦人便有了星期制。他们建造七星坛祭祀星神。七星坛从上到下依次为日、月、火、水、木、金、土七位神，巴比伦人每天都以一位神来命名。另外，"七"在世界很多地方都是神圣的数字，有人认为，"七"代表了"上、下、前、后、左、右、中"，即代表了整个宇宙。

　　天然水晶七星阵，常被作为一种转化能量场的风水物。在由两个正三角形相交构成的"大卫星"图案上（通常为盘状基座），在其六角和中央，分别摆上七个天然水晶球或者水晶柱，就成为七星阵。这种阵，据说可以形成一种"1+1＞2"的能量场，可改变运势，逢凶化吉。一般七星阵定位后，以七天为一个循环，并开始产生能量场，七七四十九天后，完成整体磁场结合，此时能量极强，形成旺气招财运势。作为一种风水摆件，七星阵摆放稳妥后，不宜挪动，不然，又要经过一个七七四十九天的重新整合，才能产生相应的能量。

人天和谐
紫黄晶

无有和则生阴阳，
阴阳和则生天地，
天地和则生万物。

　　"无有和则生阴阳，阴阳和则生天地，天地和则生万物。"中国源远流长的"和"文化，是"天人合一"思想的高度概括，也是千年来构筑华夏民族性格的基础。万事万物都处在不断变化中，"和谐"也是一个动态循环的过程。从四季循环之道，也可一窥和谐之理。如果说秋天是圆满、收获的季节，那么它同时也是一个由"盈"转"亏"的季节。到冬天，"亏"到极点时，生机也就悄悄地萌发了。等到春天，人们目之所及，是一派万物生长、生机盎然的景象。这景象，其实仔细想想，绝不是一天两天就可以成就的，而是从最"亏"的冬季就开始孕育了。人生也如四季，在每一阶段都会有挫折，如果勇敢面对，总会迎来生命的春天。跌到谷底不要紧，因为，从最低谷处起步，每一步，都是往上的！

　　紫黄晶是一种比较奇特的水晶，它是迄今为止，自然界唯一的一种离子致色的双色水晶。它同时具备紫晶和黄晶的双重功效，可调和精神与肉体的能量，加强思考和实践的能力，促进沟通融洽。紫黄晶代表天与地、人与物、内与外的和谐共处，人们把它称为"和合水晶"。

紫色代表沉静，黄色代表热烈，当紫色遭遇黄色，就构成了一种互补式的组合，这，也是一种"和谐"。

奇特而美丽的紫黄晶，一直被大众所喜爱，以晶体干净清透，颜色鲜艳，紫黄两色明显、交错却不紊乱为上品。紫黄晶稀少而珍贵，又因其形成过程中的特点，导致等级通常都不高，因此，品相好的紫黄晶，市场价格一直居高不下。

紫黄晶是市场上伪品很多的一种水晶。区别真与假，还是有规律可循的。无论如何，人类的造作永远是对自然拙劣的模仿——假的真不了；真的，也假不了。

人造紫黄晶没有棉裂，天然的紫黄晶通常带有棉裂。

人造紫黄晶两种颜色过渡生硬，色带平行分布；天然紫黄晶两种颜色过渡比较自然，色泽浓淡稍有区别，具备天然的灵动性。

人造紫黄晶

天然紫黄晶

印花江南

青金石

春来江水绿如蓝，能不忆江南？

想起了印花的江南，烟雨濛濛，山色有无中。细碎的蓝印花布，在田间地头，在山岭小道，一点点，一簇簇，轻快地跳动着。记忆中的江南是诗意的，诗意的江南总有一江自然流淌的春水……

根据史料记载，"江南"的范围，随着朝代的不同而变化，幅度大得超过人们的想象。范围最小时，只是江浙一带；范围最大时，包括了差不多整个长江中下游，甚至四川的一部分。也许，"江南"具体是指哪里并不重要，在人们心中，"江南"是恬静的故乡。

只是眼下，江河被一条条切断，甚至被分割为一连串数不清的"水池"。江河失去了奔腾的性格，便死了。江河死了，千万年来有着洄游习惯的水生动物灭绝了，岸上的参天大树消失了，水土也流失了——人，还能走出多远？

失去那一江江自然流动的春水，美丽的江南，只能留在人们的记忆中，留在唐诗宋词里。

人，都希望能够"诗意地栖居"，然而，当人们知道应该诗意地栖居的时候，已经回不去了。

　　春天的青金石，让人想起印花的江南。春雨中的思绪，有那么一点点怀旧，有那么一点点复古，有那么一点点忧郁……

　　青金石是阿富汗国石。迄今为止，在我国未发现青金石的产地。

　　青金石是古老的玉石品种之一，以其鲜艳的蓝色赢得各国人民的喜爱，早在 6000 年前即被中亚国家开发使用。在公元前数千年的古埃及，青金石与黄金价值相当。在古印度、伊朗等国，青金石与绿松石、珊瑚均属名贵玉石品种。在古希腊、古罗马，佩戴青金石被认为是富有的标志。我国对青金石的记载始于西汉时期，当时称青金为"兰赤"、"金螭"、"点黛"等。青金石"其色如天"，又称"帝青"，自明清以来，很受帝王们青睐，有"以其色青，此以达升天之路故用之"的说法，多被用来制作皇帝的葬器。近代著名的地质学家章鸿钊在《石雅》一书中写道，"青金石色相如天，或复金屑散乱，光辉灿灿，若众星之丽于天也"，故古人尊青金石为"天石"，是用于礼天之宝。《清会典图考》中称"皇帝朝带，其饰天坛用青金石"。

　　一般来说，青金石通常分为三个等级，最上等为"青金石"，颜色深蓝纯正，无裂纹，质地细腻，无方解石等杂质，不含金星（黄铁矿）或带有很漂亮的金星；其次为"金格浪"，其色深蓝至蓝色，黄铁矿含量较多；再次为"催生石"，为较浅的蓝色，多含白色方解石，源于古人用此石作催生药之说而得名。

草莓熟了
草莓晶

草莓晶有一点天真，
有一点笨拙，
很孩子气。

　　酸酸甜甜的味道，沁人心脾的芳香，草莓以其营养价值高，特别适宜春天养生食用，被营养学家誉为"春天第一果"。草莓可以润肺、健脾、补血、益气，对老人、孩子和体虚者而言，是春季滋补的佳品。虽然草莓是很好的开胃水果，但是性凉，所以一次不要吃太多。

　　有一种水晶，以其长相颇似草莓，因而与草莓同名，叫"草莓晶"。在港台，人们习惯取其英文 Strawberry 的音译，而称其为"士多啤梨晶"。草莓晶长相很可爱，所以，尽管个头也许不大，却经常被磨制成"圆头大脑"形，有一点天真，有一点笨拙，很孩子气。

　　草莓晶那星星点点或是红色、或是橘色的内包物，在阳光下如同跳跃的小精灵，一闪一闪的，非常美丽，因此，本身数量不多而好品质更少的草莓晶，自然成为水晶藏家们的大爱，一直深受追捧。

樱桃红了
红兔毛水晶

　　春深时节，樱桃上市了。一颗颗饱满的红樱桃，胀鼓鼓地挤在一起，那样的红艳，那样的妖娆，那样的招人喜爱，让人看着就想掐一下，咬一口。

　　俗话说"樱桃好吃树难栽"，樱桃树是娇贵而难伺候的。人们为了酸甜可口的樱桃，依然心甘情愿地、辛辛苦苦地栽种樱桃树，到了春深享受樱桃果的时候，还不能尽兴地大快朵颐，因为，娇贵的樱桃火气大，多吃上火，要特别注意。

　　天然高等级红兔毛水晶，圆润饱满，酷似一颗颗红艳的樱桃。而一般的红兔毛水晶，是淡淡的红色，带点橘红的味道。

　　红兔毛水晶是发丝水晶的一种，它的丝是红色的，而晶体是无色透明的。

　　高等级红兔毛水晶乍看甚至让人误以为是烧色红玛瑙，而对光看就会发现，天然红兔毛水晶颜色自然分布，浓淡有别，与颜色均匀的烧色红玛瑙完全不同。

　　天然高等级的红兔毛水晶产在马达加斯加，有着如太阳般鲜艳的红色，浓浓的、艳艳的，仿佛浓得化不开，所以，马达加斯加红兔毛水晶又有着"太阳红"的美誉。也许它太红了，红到很"过分"，因此，初看像假的，再看像染色的。只有初看、再看之后，再仔细看，才不得不赞叹大自然的神奇造化——红色的热烈与水晶的冰冷完美结合，成就这种坚硬而冰冷的天然尤物！

红兔毛聚宝盆水晶

黄金分割率 0.618，是一个神奇的数字，身体和生命的美，很多都取决于黄金分割。一件东西，从感性上看，给人以美的享受；从理性上去分析，就会发现这种美，往往符合黄金分割。红兔毛聚宝盆水晶，就符合这种规律。

红兔毛聚宝盆水晶很少，也很昂贵，比全红的红兔毛还贵很多。而它与全红的红兔毛的不同之处，似乎只是"少了一半"颜色。

一般包裹体水晶，只要底料清透，内包物多的比较好，比如说绿幽灵，通常是幽灵越多的越贵。但就聚宝盆这种东西而言，反而不要太多，贵在"少了一半"。

这个得从水晶原矿说起。一般而言，水晶原矿的晶石颜色是成团、成块分布的。也就是说，一块聚宝盆的料，它的颜色不会长成"五花肉"式，而且，分层通常并不会十分明显，不足以称作"聚宝盆"。能切割成"聚宝盆"的，只有色块边缘的少数可选的部分，而在这小部分中，要挑出颜色浓艳而均匀、棉裂少、半透的珠体，更是难上加难。经过这样挑出的一串手珠，自然很有品，很出彩，也很昂贵。这些年，红兔毛聚宝盆水晶的市场价格曲线，一直以更陡峻的斜率呈上涨趋势，因为，好的原材料实在太少了。

一般聚宝盆颜色的分布，以 1/3 到 3/4 之间为最好。如果白的部分太多，聚宝盆就少了些味道；如果颜色部分太满，又缺少聚宝盆应有的形状。因此，聚宝盆这东西，蛮符合"中庸之道"的呢！

有人说，中华五千年文化的精髓，归根结底就是两个字——中庸！

物极必反，过犹不及，中庸最好，中庸最难得！

唱响春天
孔雀石

春回大地，春暖人间，怎能不欢唱？

一朵喇叭花从地里钻出来，张大口就开始唱，唱得山青了，水绿了，唱得树笑了，花摇了，唱得池塘里的小蝌蚪们游啊游，把水面搅乱了……

天然马达加斯加孔雀石，有着非常漂亮的纹理。图案中的这块孔雀石，其左下方如一池春水，右上方深色条纹构成唱歌的大喇叭花。看，还有支小喇叭也忍不住努力地往上长，正准备跟大喇叭一起进行小合唱呢！

孔雀石的英文名称为 Maiachite，来源于希腊语 Maliache，意思是"绿色"。孔雀石的纹理和颜色，都酷似绿色孔雀羽毛上的斑点。中国古代称孔雀石为"绿青"、"石绿"或"青琅玕"。孔雀石是一种古老的玉料，被赋予"妻子幸福"的寓意。早在 4000 年前，古埃及人就开采了苏伊

士和西奈之间的矿山，利用孔雀石作为儿童的护身符，他们认为在儿童的摇篮上挂一块孔雀石，一切邪恶的灵魂将被驱除。在德国的一些地区，人们认为佩戴孔雀石的人可以避免死亡的威胁。在中国，公元前13世纪殷代已有孔雀石石簪工艺品。孔雀石具有鲜艳的微蓝绿色，这使它成为矿物中最吸引人的装饰材料之一。

孔雀石的生成，主要是因为岩石中的铜矿物氧化产生铜绿，把整块岩石染成了绿色。这是一种不透明的深绿色。孔雀石具有色彩浓淡不一的条状花纹，这种独一无二的美丽，是其他任何宝石所没有的，因此几乎没有仿冒品。

春梦幻影
舒俱莱

那一抹飞白，是暗香浮动？还是冷月凝霜？

它，有着非常迷人的丰富色彩。

从深紫到浅紫，从粉润到紫红，从深黛到海蓝……

那绯红，是桃花帘外东风软；

那淡紫，如丁香空结雨中愁；

那湛蓝，似琉璃世界放华彩；

那一抹飞白，是暗香浮动？还是冷月凝霜？

它有着缤纷迷离的色彩，如万紫千红的春天，奏响了最高潮的乐章；又像是一场春梦，有着无与伦比的绮丽。

舒俱莱石，又名苏纪石，英文名称 Sugilite，以色彩缤纷而著称，是一种十分稀有的宝石。舒俱莱石发现得相对比较晚，于 1944 年被日本一位石油探勘家 Kenichi Sugi 发现，并以他的名字来命名。但直到 1979 年，由于部分伟塞尔锰矿的崩塌，南非才发现达到宝石级的舒俱莱石。舒俱莱石被誉为"南非国宝石"。

作为珠宝市场上一种新兴玉石材料，舒俱莱石在学术研究领域还差不多是空白。通过宝石常规测试，可知舒俱莱石为集合体玉石，大多为蓝色、紫色及褐色，结构细腻。主要矿物成分为苏纪石，并含有针钠钙石、霓石、石英等矿物。

舒俱莱石外观呈各种不透明的深浅紫色与紫红色，甚或深至黑色，各种颜色交织在一起，长久佩戴能令颜色和光彩更亮丽。层次不同的美丽紫色，加上深浅的不同变化，让舒俱莱石蒙上一层神秘、冷艳的色彩。

虽然舒俱莱石在宝石研究领域还属于空白，但在藏家眼里，早有一套属于圈内的"界定规则"。一般认为，有三种颜色堪称"顶级"，即皇家紫（Royal Purple）、鲜紫（Fresh Purple）和桃红（Peach Pink）。其中，桃红更是极品中的极品，桃红料也被称为"樱花"。除此之外，颜色缤纷艳丽，不带或者少有黑斑、咖啡色斑块的舒俱莱，亦广受收藏家和水晶爱好者的追捧。舒俱莱以其稀有和美丽，身价着实不菲，一串上好的手链，或者一个品相不错的手镯，动辄数万元乃至更高。由于一般人难以承受的高价，使得舒俱莱石成为真正的贵族之石，收藏级的舒俱莱石极少出现在市场上。一般市场上都是以次充好，甚至以假乱真：有将低档舒俱莱染成高档色出售的，也有以染色玉髓冒充的，甚至还有用紫龙晶冒充的。

紫红舒俱莱

"入世冷挑红雪去，离尘香割紫云来。"

《红楼梦》里宝玉形容梅花的这句诗，用在这款舒俱莱手镯上，大概是合适的吧？舒俱莱，如同水晶家族中的方外之士，一枝遗世独立的梅花，暗香独沉，宠辱不惊。

喜欢它内敛的色调，独具贵族气质；

喜欢它奔放的纹理，于低调中奏响最华美的乐章；

喜欢它缤纷的红与紫，入世冷挑红雪去，离尘香割紫云来……

有人说，不同的天然水晶有着不同的振动频率，会在冥冥中吸引着相同频率的人，也就是说，天然水晶会自己"挑选"主人。对于天然水晶的选择，有时候，"没有理由"就是最重要的理由。挑适合自己的水晶很简单，最重要的原则就是——"自己喜欢的，就是最好的！"也许它不是最珍稀的，也许它不是最昂贵的，但是，它是自己所钟情的，是"最合适"的，那么，它就是最好的。

樱花舒俱莱

春天是一场美妙的梦，也是一场短暂的梦。好梦，从来易醒。

樱花、桃花、杏花，开了又谢了，那漫天飞舞的花瓣，是一首首道别的恋歌，柔情无限，又，激情满怀。

落英缤纷……

当漫天的花雨一阵又一阵地飘过，当满眼的绿荫一天比一天浓重，当阳光由温暖转向灼热，春，渐渐地，落入人们的记忆中。

然而，有一种春色永不褪去，有一种执著地老天荒，有一种娇花永远开放——樱花舒俱莱。

如果说舒俱莱是方外之士，樱花舒俱莱更是传说中的女神。知道舒俱莱的，未必知道"樱花"；对"樱花"仰慕已久的，未必有幸一睹她的真颜。樱花舒俱莱，分外美丽，极度稀少，也极其昂贵。然而，收藏界对"樱花"不懈的追求与执著，让"樱花"也有着不同的等级之分。当然，只要是天然晶、天然色，能够拥有一款美丽的"樱花"已属不易，也可谓拥有一个绮丽的春梦，坐拥春色满怀……

夏缘

禅茶一味

茶晶

怀着一颗清净的平常心，

静静地去欣赏茶晶的美，

也是一种禅境。

　　不记得在哪儿看过一把茶壶，壶盖上刻着五个字：可以清心也。这五个字围在壶盖上，刚好一圈，没有加任何标点。仔细读，才发现其中的奥妙：无论从哪个字开始，顺一圈读下去，都能成为独立的句子。这五句话排列出来就是：

　　可以清心也

　　以清心也可

　　清心也可以

　　心也可以清

　　也可以清心

　　一把小茶壶，也能让人参悟人生真谛，从中也可一窥"禅茶一味"的底蕴。

　　茶晶，英文名 Smoky Quartz，晶如其名，极为常见，也极为简单。如同一块白水晶，不小心被烟熏过。于是，茶晶又名烟晶、墨晶——以颜色浓重程度不同而略有区别：色浅的叫烟晶，深一点或带褐色的称茶晶，深至不透光的称墨晶，即"黑水晶"。

　　也许茶晶过于多见，也过于廉价，很多人对它不屑一顾。其实，茶晶也有茶晶的味道。刻面的茶晶自有一种灵光暗闪的美，圆珠形茶晶手串则显示出沉稳、内敛的气质。有些茶晶，其自然形成的色带，还能呈现出奇异的"金字塔"形。因此，茶晶也许是平凡的、低调的、内敛的，但它依然不失为美丽的。

　　怀着一颗清净的平常心，静静地去欣赏茶晶的美，也是一种禅境。

清心绿茶

绿幽灵

一壶新茶，三两好友，品茗论晶，此乐何及？

初夏，是绿茶的季节。这时节，明前茶上市了，雨前茶也新鲜出炉。一壶新茶，三两好友，品茗论晶，此乐何及？

有一种水晶，仿佛把碧绿的茶叶撒在明净的水里，清新悦目，可赏，却不可尝。它，就是绿幽灵水晶。绿幽灵是属于夏天的，那或深或浅的绿色，让人联想到夏天的绿树成荫、芳草鲜美，油然而生一种清凉之意，顿觉心旷神怡。

说起绿幽灵水晶，先得解释这个名称的来历。绿幽灵，英文名 Phantom-Quartzgreen，又称绿色幻影水晶。Phantom 意为"鬼怪，幽灵，幻象"，因此，"绿幽灵"就是"绿幻影"，"绿幽灵"这个名号太响亮，人们已经习惯了叫它"幽灵"。其实，名称叫作"幽灵"还是"幻影"都不要紧，弄清楚了"幽灵就是幻影"，也算是"知幻即离，离幻即觉"吧。

绿幽灵以其颜色酷似美钞的绿色，又有着"鬼佬财神"的绰号。人们相信佩戴绿幽灵水晶有助于开放心灵，强化心脏功能，平稳情绪（紧张、失眠、愤怒、妄想），还可以引导财富的增加和带来好人缘、好运气。绿幽灵带来的财富均属"正财"，即与工作相关的，由辛勤努力而累积的，应得而未得之财，因此，绿幽灵被广大职场人士追捧。藏家们则爱其纯净的绿色、灵动的"金沙"效应和奇异的金字塔造型。高档绿幽灵的价格，经年居高不下。

如果仅仅只是追求水晶功能，通常不要求有非常好的成色。但在水晶藏家眼里，仅有出现频率极少、价格奇高的"纯绿色金沙金字塔"才是绿幽灵。其中，又细分为若干情况，不能一概而论。因此，对绿幽灵的鉴别与评价，这里只能依常规而略说。

判断绿幽灵水晶的品质，不能像判断别的水晶那样，要求越清澈、杂质越少越好，而是要分别判断含有内包物部分和不含内包物部分。

不含内包物部分，也就是白水晶部分，是越清澈、瑕疵（冰裂、云雾、棉）越少越好。这部分对绿幽灵品质和价值的影响约占50%，所以千万不可轻视。

对含有内包物部分的判断就比较复杂了，通常把内包物的类型分为三种：

一是金字塔类，又称千层山类、层类。这类价值最高，里面的内包物一层一层间隔排列，每层的形状经常呈现类似尖顶的金字塔状，因而得名。这类绿幽灵水晶以绿幽越多、层数越多、越接近金字塔形越好。如果再细分，可将仅见幽灵呈平行排列的"千层"，列在带有"塔尖"的金字塔类级别之下。

二是聚宝盆类。这类价值不及金字塔类，里面的内包物向一侧堆积。这类绿幽灵并非内包物越多越好，而是约占一半为最佳，这样，才更符合"聚宝盆"这个名称。

三是分散类，又称满天星类。这类绿幽灵水晶，内包物东一点，西一点，分散分布。内包物越多越好。当然，通常情况下，无论其颜色、晶体如何好，终归为末级，登不得大雅之堂。

还有一点需要特别强调的是，市场上认为，绿幽灵的颜色越深越好，以接近黑色的深墨绿色

为最佳。另外，内包物中，红色（俗称红幽灵）、白色（俗称白幽灵）等其他"杂色"越少越好，这类内包物对于纯绿幽灵来说，属于杂质，对品相和价值将构成贬低作用。

如果一件绿幽灵是墨绿金沙金字塔，却不可避免地共生了不少红幽灵，该如何评价呢？这种情况下，就要看其内包物的构成了。如果构图特别漂亮，也许，又别有一番韵味。对绿幽灵的评价，可谓"仁者见仁，智者见智"。

绿幽灵景石水晶

对绿幽灵的偏好，可谓"人各有志"：有的人喜欢墨绿的沉稳，有的人喜欢淡绿的俏丽；有的人喜欢金字塔，有的人喜欢聚宝盆……但就手链而言，收藏界人士的评价标准基本是统一的：墨绿、金沙、金字塔、无（或者少）红皮。但是，不能拿这个标准来评价坠子，因为作为景石水晶的一类，绿幽灵坠子的内包物更加丰富多彩，很多不可能在手链中出现的景观，完全可能会出现在个头较大的坠子中。尤其是包含金字塔的绿幽灵坠，似乎有说不完的话题。

同一块水晶，在某些人眼里是"魔鬼"的，在另外一些人眼里，完全有可能是"天使"。因此，对绿幽灵的鉴赏，充分体现了景石水晶鉴赏"一切唯心造"的特点。

对天然水晶（包括绿幽灵坠类）的评价，晶体通常是排在第一位的，晶体的好坏决定了一件东西给人的第一印象。如果第一印象很"模糊"，就更别谈其他了。就绿幽灵金字塔而言，纯绿色的最好，但是，独特而美观的景象也非常重要。

绿幽灵有个特点，喜欢和红幽灵共生，越是高档的墨绿色，共生的红幽灵越多。因此，纯净且颜色墨绿的绿幽灵，从来都价值不菲。收藏绿幽灵水晶，要尽量避免带红幽灵，玩家称之为"挂红皮"。无论多漂亮的绿幽灵，一旦挂红皮，其价格和升值空间都会大打折扣。

当然，也有特殊情况。

右边这块幽灵水晶，如果按照绿幽灵的评价标准，确实挺糟糕的：虽然底料清透，但看上去却显得"雾"；虽然有金字塔，但颜色和层次淡然；更要命的是"搭"了很多红幽灵……总之，乏善可陈！但是，万事万物都不是绝对的。这个坠，红、绿幽灵长在一起，自然形成了一幅绝美的图画——那山、那水、那亭台楼阁、那层层展开的气势，宛若蓬莱仙境！于是，这块水晶因"祸"得福，因为有了不一样的红幽灵，而成为一件非常不错的收藏品。

这也是景石水晶的魅力所在——意境，超越教条！

天生丽质

葡萄石

在阳光的照耀下，深深浅浅的绿，层层叠叠地摇曳着。

　　想念儿时的葡萄架，院前屋后那一棚绿。初夏时候，葡萄架上已是满满的绿叶，在阳光的照耀下，深深浅浅的绿，层层叠叠地摇曳着。阳光偶尔透过来一缕，光中有弹簧样的细细藤蔓在跳跃，旁边间或有一球粉绿粉绿的，紧紧地挤成一团，胀鼓鼓的，在绿叶丛中露出羞涩的笑……

　　一般而言，葡萄石首饰，常见的工艺是将表面进行抛光，那一颗颗、一粒粒，如同剥掉光亮表皮的葡萄，半透的，仿佛中间有水要滴出来的样子。喜欢拢一串葡萄石在腕间，那温婉而粉嫩的绿色，一如童年的梦。

　　也许人们无法想象，如此美丽的东西，在翡翠界，却颇有些"臭名昭著"。优质的葡萄石会产生类似玻璃种翡翠一般的荧光，非常美丽。因此，高档葡萄石，常常被用来冒充高档翡翠。

　　天生丽质的石头，因为人的欲望，无端端地，成了"罪人"。

　　葡萄石的悲怨，向谁倾诉？

　　葡萄石属硅酸盐矿物，是经热液蚀变后形成的一种次生矿物，主要产在玄武岩和其他基性喷出岩的气孔和裂隙中，常与沸石、硅硼钙石、方解石和针钠钙石等矿物共生。葡萄石的颜色从浅绿到灰色都有，也有白、黄、红等色调，常见为绿色，透明到半透明。宝石级的葡萄石，被誉为"好望角祖母绿"。

　　在水晶市场上，葡萄石又有着"绿碧榴"的外号，很多人误以为它是绿色石榴石，甚至以讹传讹。其实，葡萄石与石榴石是完全不同的两种矿物。真正天然的绿色石榴石基本不会出现在一般水晶市场上，并且，晶体通常极小，价格也奇高。

枝繁叶茂
树枝水晶

　　夏天的树，是可以看得见的疯长。一场雨过后，再去看那些碧绿的叶子，盯着看，会忽然发现它们在长——一种肉眼可见的长！生命，有一种可见证的顽强。感动无处不在。

　　树枝水晶是一种很奇特的水晶，里面的风景，像树一样延伸。有人误以为它是化石，其实，它的"树枝"，是因为锰元素侵入所致。树枝水晶一般个头很小，底子雾，所以又叫"米汤石"、"烟雾石"。

　　树枝水晶以其独特的美丽而闻名，也是常见人工伪造品的一个种类。区别天然树枝水晶与人造品并不难。

　　假的树枝水晶通常是压片的，即把两块天然水晶压合在一处，中间夹上草叶或者干脆画上树枝。仔细看，在它们的拼合面上，可见很微小的气泡，因为在拼合时，有空气进入。而且，水晶晶体中的结构在拼合面上会突然中断，有种被整整齐齐切割了的感觉。因此，假的树枝水晶，俯看通常颜色鲜亮，晶体不错，侧看就能发现其画面是平的。真的树枝水晶，里面的画面是曲线状的，很有层次感和立体感，颜色一般不鲜亮，多呈灰黑色或黄褐色。

生命，有一种可见证的顽强。感动无处不在。

"山寨碧玺"
萤石

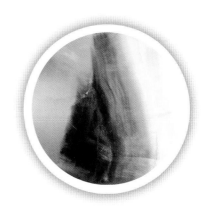

它的美丽，与碧玺无关……

　　碧玺以其艳丽的颜色而广受欢迎。市场对碧玺的需求量日益加大，也就催生了一种"山寨碧玺"——萤石。

　　说萤石是"山寨碧玺"，其实是冤枉了这种美丽的石头。它的美丽，跟碧玺无关，是有人硬要把它拉来充当碧玺。

　　萤石，又称"氟石"，是一种钙的氟化物，因在紫外线、阴极射线照射下发出荧光而得名。萤石的颜色非常丰富，除红色和黑色少见外，几乎可以看到其他的任何颜色。常见的颜色有浅绿色至深绿色、蓝、绿蓝、紫、棕、黄、粉、灰、褐、玫瑰红、深红、无色等，且常有多种颜色共存于一块萤石之上，构成多姿多彩的图案。

　　具有明显磷光效应的萤石，常被人们作为"夜明珠"收藏。"夜明珠"又名"隋珠"、"明月珠"、"夜光璧"，千百年来一直被国人视为珍宝。但"夜明珠"的材料众说不一，多数专家认为，具有磷光效应（现象）的矿物和岩石才能成为"夜明珠"。萤石"夜明珠"原石的颜色一般为墨绿色、深绿色、浅绿色、紫色等，透明至半透明。发光性和发光的颜色、强度主要与矿物成分中含有稀土元素的种类和数量有关。

　　区分碧玺与萤石并不难：碧玺硬度高，达到了 7，萤石硬度仅为 4。因此，用碧玺在普通玻璃上划过，受伤的是玻璃；如果用萤石划玻璃，则受伤的将是萤石。碧玺往往具有明显的二色性，体内可见管状包裹物或棉絮状物；萤石虽然也可能有多色，但其颜色是呈条带状平行分布的。另外，碧玺有一种含蓄的内在光泽，萤石的光则比较直白。

　　当然，如果在一串高档碧玺项链或者手链中夹几颗颜色相近的萤石，就比较难分辨了。这也是常见的掺假伎俩，一定要特别留意。

百川归海

海蓝宝

夏天是与大海相约的季节。

夏天是与大海相约的季节。

"江海所以能为百谷王者，以其善下之。"海的胸怀是博大的，海的心态是包容的，海的声音是宏厚的……看海的时候，其实，看的，也许不是海，而是自己的心。

有时候，我们需要一个广阔的空间，去引发自己的思绪；需要一段自由的时间，去享受自在的心情。置身于"日月之行若出其中，星汉灿烂若出其里"的大海之滨，会是一个不错的选择。

自然界蓝色的矿物比较少，海蓝宝算是其中较常见的了。海蓝宝是绿柱石家族的一员。说到绿柱石，大家也许会觉得陌生，但说起祖母绿，则可谓如雷贯耳了。祖母绿，就是绿色的绿柱石。而蓝色的绿柱石，就是海蓝宝。海蓝宝的英文名为 Aquamarine。传说，这种美丽的宝石产于海底，是海水之精华，所以航海家用它祈祷海神保佑航海安全，并称其为"福神石"。海蓝宝由于含微量的二价铁离子而呈天蓝色至海蓝色或蓝绿色，以晶体干净、蓝色浓艳为佳。

　　海蓝宝的能量对应人体七轮中的"喉轮"，对提升表达能力、语言能力都有帮助，也利于领悟力和喉部健康及平衡淋巴系统等。很多讲师、业务员等喜欢佩戴海蓝宝，希望借以提升自己的表达力。

　　市面上经常出现一种叫"托帕石"的蓝色宝石，与海蓝宝极为相似。托帕石学名黄玉。无色黄玉可经辐射和热处理改色成蓝色，摇身变成所谓的"极品海蓝宝"。这种经辐射处理的宝石佩戴久了可能对健康不利。

绿钻沙滩
橄榄石

捧一个椰子，无所事事地，行走在细腻绵软的沙滩上，
任海水一波一波地漫过脚面，是一件非常惬意的事。

　　与海有约的夏天，捧一个椰子，无所事事地，行走在细腻绵软的沙滩上，任海水一波一波地漫过脚面，是一件非常惬意的事。这时候，放任自己的思绪，做些奇妙的遐想，或者来一个白日梦。这时，会有一种奇想：如果一片沙滩全部用宝石铺就，那将是一种什么样的景象呢？

　　这，并不是异想天开呢，世界上真的有宝石沙滩！位于夏威夷最南部的 Papakolea 沙滩就是这样一片由橄榄石构成的宝石沙滩。这片绿色的沙滩，如同镶嵌在海边的一块碧玉，美丽到令人叹为观止。

　　橄榄石通常为淡绿至黄绿色，是一种古老的宝石，古埃及人在公元前一千多年就用它做饰物；古罗马人称它为"太阳的宝石"，并用作护身符，以驱除邪恶。至今，橄榄石以其独有的颜色以及柔和的光泽，在珠宝王国占有一席重要之地。在昏暗的灯光下，绿色的橄榄石酷似祖母绿，因此，又有着"黄昏的祖母绿"的绰号。橄榄石象征"夫妻幸福"，人们取其恒久不变的黄绿色，来表达可信赖的夫妻之间恒久的幸福感。

这样美丽珍贵的宝石，何以能形成一处海边沙滩呢？原来，是火山造就的。火山爆发过程中会发生一系列的物理、化学反应，使一些深藏在地壳中的物质分解、重组，生成平时较为罕见的矿物。

Papakolea 沙滩位于 Pu'u Mahana 火山脚下。Pu'u Mahana 火山岩浆中含有大量的橄榄石成分，在最后一次爆发中，它的部分锥体发生崩塌，并在海水的侵蚀下逐渐形成了一个鲜为人知的僻静的海湾。Papakolea 沙滩就在火山残存锥的怀抱之中。自古以来，Papakolea 沙滩一直受到当地人的保护。当地人认为，这些"绿沙"是火山女神的眼泪，如果擅自捡回家，就会遭到女神的报复。对自然神明的敬畏，在事实上保护了这片珍贵的宝石沙滩。

Papakolea 沙滩是地球上仅有的两处绿色沙滩之一，因此，橄榄石还有一个美丽的名字——夏威夷之钻。

晶中双子

红绿宝

从来没有哪一种石头，

给人的感觉会是如此矛盾，

除了"晶中双子"红绿宝。

　　从来没有哪一种石头，给人的感觉会是如此矛盾，除了"晶中双子"红绿宝。它是极热烈的，也是极冷淡的；是极矛盾的，也是极和谐的；是极红的，也是极绿的……而且，对立的二者之间，几乎没有过渡地带，就是那样的决然，那样的戛然而止！

　　每次看着红绿宝，都忍不住想笑：这是大自然一时疏忽忘了染红，还是忘了染绿？这是"红漆"掉了，还是"绿漆"掉了？这到底是跌停了，还是涨停了？

　　红绿宝是一种含红刚玉（红宝石）斑晶的绿色黝帘石岩，因生成环境不同，含矿物质不同，可能夹杂其他的如黑、黄、蓝、白等颜色，因此，红绿宝又叫"二色宝"或"多色宝"。

　　红绿宝很奇特，红色和绿色共生于一处，红色中渗透着绿，绿色中带着红，独一无二，个性张扬。红绿宝以分界明显、颜色浓艳、色块干净为上品；中档品颜色稍逊，可能伴生少量杂质；低档红绿宝红色部分少而色淡，通常伴生有较多的黑斑、杂点。

　　红绿宝在商业水晶领域出现的时间比较晚，一般来讲，一串手珠中，红色多就叫红宝，绿色多就叫绿宝，红绿各半就叫红绿宝。红色越多、颜色越浓艳的，价格越高。颜色浓艳的绿宝，如果看相佳，价格也不会太低。

　　有一点值得注意的是：红绿宝的硬度并不高，容易产生磨痕，尤其是手链制品的珠与珠之间。在佩戴红绿宝饰品时，要注意尽量减少摔碰和摩擦。

　　随着知名度的提高，目前市场出现了人工染色红宝。通常是将等级低的红绿宝染成鲜艳的红色。这种染色品，初看颜色非常鲜艳，有"血"感，但耐不住细看。仔细看，颜色呆板而单一，没有天然品自然而然的浓淡、颜色分布和石纹的自然变化，有时候，天然品略带半透的质感，这也是以低档品为加工材料的人工染色品所不具备的。

凡·高《星空》
紫龙晶

一种仿佛读懂了凡·高的石头。

　　喜欢紫龙晶的优雅，乍看平淡无奇，细看缤纷迷离。如同一个名门贵妇，骨子里透露出的气质，无与伦比：美丽而不张扬，流光而不溢彩，高贵含蓄，典雅从容……

　　紫龙晶，学名紫硅碱钙石，英文名 Charoite，也有人直接采用音译，叫它"查罗石"。紫龙晶有着非常漂亮的丝绢流纹和让人着迷的颜色。

　　通常，紫龙晶要求流纹漂亮，光泽度好，黑点和其他杂色斑越少越好。不过，它与多种矿伴生的特点，一般都会带有其他矿物，因此也不必过于苛求，只要这些矿物质形状、颜色不影响整体美观就好。

　　紫龙晶的摩氏硬度约5，这点让它区别于长相极其相似仅颜色有区别的绿龙晶，这也使得紫龙晶更加具有细腻的光泽。如果佩戴时间长，其半透的部分将更加润泽，颜色将更加丰富，流纹

也将随之更具动感，这也是紫龙晶的不平凡之处。

　　紫龙晶与凡·高有什么关系？

　　喜欢凡·高的《星空》，竟然有那样热烈而让人晕眩的美丽笔触；更诧异于紫龙晶，一种仿佛读懂了凡·高的石头，竟然也有着同样奔放着、旋转着的美丽"流纹"！

泼洒绿意

绿龙晶

得闲了，不妨与身边的亲人一起，
去外面走走，去体悟生活中那一份平凡与美丽。

夏天的叶子，有着深深浅浅的绿。黄绿的葡萄叶在棚架上嘻嘻哈哈地，你推搡着我，我推搡着你，如同一群正玩在兴头上的孩子；油绿的樟树叶在阳光下点头哈腰，油光满面地笑着，似乎不怀好意；墨绿的梧桐叶，伸出一只只巨大的手掌，是想接住天上掉下来的馅饼吧；翠绿的芭蕉叶丛中，一支卷曲着从芯子里抽出的嫩绿的芽，仿佛思索着，是否要展开那一段心事……

如果说春天嫩绿的叶子，让刚刚走出冬天的人们满怀欣喜，那么秋天金黄的树叶，也能让人心胸为之开阔。唯独夏天的树叶，在属于它自己的极盛时期，往往只被人惦记着它的树荫——那些印在地上的黑白"影子"。

夏天的绿色，也许太常见了，人们想当然地享用着它带来的种种好处，同时，竟然忽视了它的美丽。

最常见的，往往最容易被忽视，一如夏天的绿色，一如身边的亲人。得闲了，不妨与身边的亲人一起，去外面走走，去看夏天随处可见的绿意，去体悟生活中那一份平凡与美丽。

夏天的绿意，是流畅的，是奔放的，是泼洒的，一如绿龙晶。

绿龙晶酷似紫龙晶，无论是流纹还是光泽。唯一不同的是颜色——它是以绿色为主色调的。

跟紫龙晶一样，绿龙晶也来自寒冷的西伯利亚地区，发现于贝卡尔湖畔，是绿泥石家族的一个品种，叫"斜绿泥石"，也被称为"云母绿泥石结晶"。别看它和紫龙晶长相酷似，其实，它们是完全不同的两种东西。

绿龙晶以颜色深绿、配以银白的纤维、平均地反射出如鳞片般的光泽为上品。

夏日风情
石榴石

　　石榴石的英文名称为 Garnet，由拉丁文"Granatum"演变而来，意思是"像种子一样"。石榴石晶体与石榴籽的形状、颜色十分相似，故名"石榴石"。石榴石在我国古代又名"紫牙乌"，也称"子牙乌"、"紫鸦乌"。相传其名来源于古代阿拉伯语"牙乌"，意即"红宝石"。石榴石可以分成两个系列、六个主要品种：铁铝榴石系列（镁铝榴石、铁铝榴石、锰铝榴石）和钙铁榴石系列（钙铬榴石、钙铝榴石、钙铁榴石）。石榴石的颜色受成分影响，有红、黄、绿等多种颜色。

玫瑰红石榴石

　　百花之中，同时具备"姿、色、香"的花并不多，玫瑰是其中的佼佼者。每一朵玫瑰，都如同一个小精灵，那小小的、层叠的、旋涡状的花瓣，仿佛要把阳光拼命地吸进去，然后变成娇艳的颜色和浓重的芬芳，再散发出来。

　　高等级的石榴石晶体透，有光泽，其漂亮的玫瑰红色，一如玫瑰般娇艳、浓郁。

　　一直很喜欢石榴石，因为它不张扬的美。

　　如同玫瑰，阳光下，石榴石才会亮出它全部的美丽。当然，阳光也会令一般品质的石榴石无处遁形。

高等级的石榴石晶体透，有光泽，
其漂亮的玫瑰红色，一如玫瑰般娇艳、浓郁。

星光石榴石

小时候，喜欢坐在屋外的草坪上仰望星空，饶有兴致地，看银河隔断了牛郎星与织女星；长大后，喜欢躲在安静的角落泡一壶热茶，怅然若失地，看城市的尘埃与灯光，隔绝了星空……

"去看星星吧？"

"好啊，去哪里看星星？泸沽湖？还是雨崩峡谷？"

曾几何时，看星星，竟然成为一种奢侈。

要到什么时候，人类才能对满天的星斗，不生一丝愧疚？

当星光成为记忆，只好收藏一种名叫"星光"的石榴石。平日里的内敛与低调，丝毫不减它尊贵的气质。一旦在阳光或者强烈的灯光下，人们都会惊艳、惊叹、惊喜——那样华美的星光，那样灵动地在手腕间游移，那么不可思议！

星光石榴石内部含有密集的平行定向排列的两组、三组或者六组包体，再加上可见光的折射和反射作用，这样人们就能在宝石表面看到"游移"的星光。

星星舞会
星星水晶

喜欢在开阔的地方看星星——登山览胜，湖心泛舟，海滩漫步……

小时候，喜欢爬到高楼顶上去看星星，那时候的高楼很少。

长大了，城市到处都是高楼，却没有了星星——饱经灯光与尘土污染的天空，还能看到什么星星？

星星水晶（Star Quartz）主要产在非洲的马达加斯加，非常少见。星星水晶中的"星星"一般有绿色和红色两种，常与幽灵"金字塔"伴生，形成非常独特的"星星爬山"景观。

天花乱坠
玻璃陨石

古埃及人相信，
玻璃陨石具备通灵的作用，
可以守护不死的灵魂。

有一颗星，不小心从天上掉了下来……

玻璃陨石有很多名称，依据知名产地的不同又称"莫尔道石"、"雷公墨"等。其中捷克陨石是玻璃陨石中最著名、最有代表性的一种。一种观点认为，玻璃陨石是石英质陨石在附入大气层燃烧后快速冷却形成的；另有一种观点认为，它是地球外物体撞击地球，使地表岩石熔融冷却后形成的。

玻璃陨石的神秘力量自古就被人们认识和利用。考古学家曾在埃及最年轻的法老图坦卡蒙的墓中发现，图坦卡蒙身上佩戴着一块"绿色玻璃"。这块神秘的"绿色玻璃"，后来被鉴定为玻璃陨石。古埃及人相信，玻璃陨石具备通灵的作用，可以守护不死的灵魂。

对于玻璃陨石是否属于陨石，学术界一直存在争论。持肯定意见的人认为，依据它的构成条件等其他情况，应当归入陨石类，持否定意见的人主要是质疑它的"年龄"。玻璃陨石的地质年龄约 70 万年到 3500 万年，通常不超过 4000 万年，这把年纪对于"陨石"而言，无疑是太"年轻"了。

据说玻璃陨石的功能比较强劲，有些人刚刚带上时，还不能适应它的能量，会产生头晕、目眩、恶心，甚至呕吐的反应。

玻璃陨石的颜色通常是透明的绿色、绿棕色或者棕色，其原石表面常常具有非常明显的高温熔蚀的结构，内部常见圆形或拉长状气泡及塑性流变构造等。玻璃陨石与人造玻璃的区别在于：人造玻璃的折射率变化范围很大，可以是1.4~1.7，而玻璃陨石的折射率是相对固定的；人造玻璃的密度随添加剂的变化而变化，玻璃陨石的密度相对固定。

玻璃陨石的著名产地有捷克的波西米亚、利比亚，美国得克萨斯，澳大利亚本部及东南地区，我国的海南岛等。

宇宙之花
镍铁陨石(天铁)

不知道为什么，

始终无法拍出一张显像清晰的天铁照片……

有一种铁，极为奇特，极为稀少，也极为昂贵，价格以克论，堪比黄金。它就是非洲 Gibeon——镍铁陨石，通常人们称之为"天铁"。镍铁陨石并不十分少见，但是，绝不是任何镍铁陨石都能称得上 Gibeon。非洲 Gibeon，几乎与太阳系同龄，拥有目前业界公认的、最美丽动人的维德曼交角。所谓维德曼交角（Widmanstatten Pattern），又称"威斯台登构造"，呈 60~120 度的交角排列，如花般绽放，是镍与铁在浩瀚的太空中，在亿万年的时空里共舞，才能形成的特殊纹路。这种纹路的形成，有着非常苛刻的宇宙条件，即每百万年冷却摄氏 1 度。这是地球上无法具备的。因此，维德曼交角也就成为纯镍铁陨石的最佳身份识别标志。一块非洲 Gibeon，无论从哪个方向切割，总会呈现出清晰、细腻、完美的维德曼交角，因此，"Gibeon"就是"Gibeon"，只有"Gibeon"才是"Gibeon"！

　　天铁的维德曼交角构造非常神奇，将天铁切割成圆珠状，便可观察到六组环环相套的同心圆，因此，天铁又有着"六旋珠"的雅号。

　　天铁内含充沛的宇宙能量一直是人们津津乐道的话题。有的人戴上天铁会有明显的晕眩感（即使是不相信水晶功能的人），有的人甚至出现呕吐现象，有的人在静坐时特别能感受到天铁的源源动力。而我，不知道为什么，始终无法拍出一张显像清晰的天铁照片……

午夜闪电
木变石(虎睛石)

夜来了，突然一道闪电，窗外哗哗地下起了雨。

夜来了，突然一道闪电，窗外哗哗地下起了雨。

夏夜的雨，总是这样猝不及防。听，雨点打在树叶上，沙沙地，像受惊的小爪在黑夜里急奔；雨点打在窗户上，嘭嘭地，像有人在外面慌张地敲……

这样的夜最好睡觉，凉快。早早地，擦了竹席，拉过软枕，扯条薄被盖上。微笑着闭上眼，睡，去做一个关于狐狸精的梦……

闪光灯下的木变石，一如夏夜里的闪电。

木变石按照颜色不同，主要有虎睛石和鹰睛石两种。虎睛石通常为棕黄色、棕红色、黄褐色等，现丝绢光泽，通常有猫眼效应，光带游走如闪电。鹰睛石呈灰蓝、暗灰蓝或蓝绿色，其蓝色是残余的钠闪石石棉的颜色，也可能具备猫眼效应。介于二者之间，还有一种黄褐色与蓝色相夹杂的，叫"斑马虎睛石"。

由于"名号"太响，时下"虎睛石"成为了木变石的代名词。

市场上还经常出现一种红色虎睛石，它主要是通过热处理的方法改色而成的，其颜色经久不变。这是因为黄褐色的虎睛石在氧化条件下，褐铁矿转化为赤铁矿，从而使黄褐色的虎睛石变成了较鲜艳的红色。红色虎睛石的颜色虽然不是天然的，但这种热处理方式被宝石界认可，人们依然喜欢它的美丽与特殊。

秋 韵

秋韵·生普
巴西黄水晶

秋，

既有成熟，也有成长；

既是结束，也是开始；

既是终点，也是起点。

记得有诗人说过："喜欢将暮未暮的原野，一如将暮未暮的人生。"秋的韵味，蕴含其中。

秋收冬藏。收，是收敛，也是收获。收敛的是心态，收获的是智慧。

收获并不意味着结束，秋天只是一个段落。喜欢秋天，走过了四季的三分之二，该收获的，差不多都有了结果。这时候，可以停下来，好好体会一下收获之后的幸福，也可以仔细想想该如何继续走好将来的路。一年还剩下三分之一的时间，一切，仿佛在这个季节变得从容起来。

慢慢地，把自己"收"起——泡在屋里，泡在普洱茶里。

秋天，是适合喝普洱茶的季节。如果说绿茶属于春天，那么普洱就是属于秋天的。秋风起，天渐凉，人们的饮食，在不知不觉间变得肥厚起来，这时候喝普洱，不仅养生、养胃，还可以帮助降血压、血脂。

　　秋天可以喝"霸气"的生普，喝法也同样需要"霸气"：茶叶要放足，喝起来要大口吞。一杯鲜亮的茶汤下肚，从嗓子眼到胃，如火燎过。把茶汤喝到肚里，再用后鼻根去"闻香"，感觉那股子香劲由胃过喉，直冲脑门，真是过瘾！

　　生普的感觉有点像"巴西黄"，醇厚中透着尖利，老辣中透着青涩，有点少年老成，更有掩饰不住的个性张扬。

　　天然黄水晶不是很多，颜色漂亮的天然黄水晶更少，其中最上品，当数颜色鲜艳浓郁、晶体清透亮泽、质感如金的巴西黄水晶。由于高品质的黄水晶通常产自巴西，渐渐地，人们习惯了把最好的黄水晶统称为"巴西黄"。

　　合成黄水晶的颜色，基本上是以"巴西黄"为标准的，因此，要特别注意区分天然黄水晶与合成黄水晶。肉眼区分方法主要有以下两点：

　　首先，看晶体。多数合成水晶内部纯净，块大而完美；天然水晶或多或少总带有一些棉、裂隙等瑕疵。

　　其次，看颜色的分布。拿一张白纸做背景，看晶体的颜色，天然品的黄色相对较淡，且往往分布不均匀，仔细看，颜色有深浅变化，即色带，有些地方白些，有些黄些；合成品黄色浓，整块东西一个颜色。

鸿运当头
红发水晶

中国人对红色有着特别的偏爱，
认为红色代表热烈、成熟……

中国人对红色有着特别的偏爱，认为红色代表热烈、成熟，是喜庆的颜色；喜欢将一些吉祥的动物纹样作为装饰题材，广泛运用在建筑、家具、雕刻工艺品等当中，构成一种会意的表达，等待有人心去参悟其中的深意。

自然界天然颜色的红发水晶很少，特别是颜色鲜艳的，通常带有黄、棕色调。就算是顺发，也极少有猫眼效应。

天然红发水晶稀少而价高，市场上很多所谓的"红发水晶"，其实是染色而成，其颜色俗艳，分布形态也不自然。时间长了，会有褪色现象。

洪(红)福(蝠)齐天

人们喜欢一些寓意吉祥的雕刻品。这块天然红发水晶，雕有蝙蝠、花生、钱串等，象征"洪福齐天、一生如意"。它巧妙利用一束带猫眼效应的红发，巧雕出一只大大的蝙蝠。蝙蝠双翼尽展，从上到下，占据了整块水晶的一半。根据谐音，"蝠"即"福"，因此，红色的蝙蝠自然就是"洪福"了，再加上它"齐天接地"的形态，自然就成了"洪福齐天"的意思。其背面，雕有一颗花生和如意纹，寓意"一生如意"。

喜上眉(梅)梢

"喜上眉梢"是一个很常见的雕刻题材，正因为常见，真正出彩的和品倒是不多。这块巧雕水晶算得上是其中的翘楚。这是一块比较罕见的双色发丝水晶，颜色、纹理都非常漂亮同。雕工师傅巧妙顺应工、黄色发丝的形态，雕刻成喜鹊身子。并且，让喜鹊头上自然呈现出红色的"羽毛"状，让喜鹊的神态，在顷刻间活灵活现起来。

知足(竹)常乐

知足，则常乐。不知足，则妄取，其结果只有一个字"凶"。多少悲剧的酿成，都是因为贪婪，贪心皆因不知足。一颗不知足的心，谁还能指望它是快乐的呢？拥有快乐，并不在于金钱的多少，有钱人有自杀的，叫花子也有穷开心的；拥有快乐，并不在于地位的高低，国家元首有各自的烦恼，平民百姓也有各自的自在。拥有快乐，并不在于拼命占有，而在于勇于放弃。唯有知足，才不会过分索取，才懂得正确地放弃。知足是快乐的源泉，知足是智慧的光彩，知足是健康生活的态度。

传统雕刻题材中，有一种非常常见：蝉附于竹上。蝉，俗称"知了"，因此，蝉与竹，按照谐音，就成了"知足（竹）常乐"。也许，很多人不明白为什么"知"了与"竹"子就是"知足"，于是，又有人发挥创意，将蝉刻在一只脚上，形成了更加直白的"知足常乐"。于是，很多人脖子上挂着个大脚丫，说"我知足了，我知足了"。看上去很好笑，但现在市场上，"蝉与足"似乎多过"蝉与竹"，可见，臭脚丫比清秀飘逸的竹子更受市场欢迎。这看上去有些"无厘头"，却反而折射出一种时代的悲哀。没文化，也是一种文化。

正面

背面

红红火火
红铜发水晶

大半年的辛苦，终于换来沉甸甸的收获，
也伴随着沉甸甸的喜悦。

收获的秋天，红红火火的季节。

果园中，红彤彤的苹果压弯了枝条；柿子如同"大红灯笼高高挂"；个头矮矮的橘子抬头看了看身边高高在上的柿子，一下子涨红了脸；西红柿在旁边看到了，不禁笑得满面通红。田野里，金灿灿的谷穗在风中摇摆着；披着绿色薄纱的黄玉米扭起了秧歌；胖墩墩的南瓜也忍不住要唱上一曲，唱得脸上泛起了红光……

大半年的辛苦，终于换来沉甸甸的收获，也伴随着沉甸甸的喜悦。

如果问哪一种水晶最具备"秋收"的质感，那就非红铜发水晶莫属了。它既有着金色的灿烂，又有着铜色的沉稳，那闪闪的发丝，让人有一种丰厚的、扎实的喜悦感。

　　红铜发水晶，是发丝水晶的一种，以其鲜艳而光彩夺目的红铜色而著名。红铜发水晶的内包物通常为金红石，以晶体清澈干净、颜色均匀鲜亮、发丝顺、具备猫眼效应和金属铜般的质感为上品。一直以来，高档红铜发水晶以其强烈的猫眼效应、晶莹剔透的晶体和鲜亮的颜色而成为水晶藏家的必备品种。

红铜发绿幽灵景石水晶

　　夜来风雨声，花落知多少？

　　昨夜的一场暴风雨，来得太急。园子里的花，一夜之间，只剩下了光秃秃的杆杆。墨绿的叶子，来不及整理一下被风吹乱的头发，就站在枝头焦急地张望："花儿呢？花儿呢？"

　　花儿，碾成了泥，化成了水……

　　昨天，花儿还是那样娇艳美丽，在阳光下摇摆，柔嫩的枝条，迎着世俗的风不停地招展，却不料，登上枝头的荣耀总是那么短暂。

　　世事一场大梦，梦里，花落知多少？

秋夜精灵
绿发水晶

秋虫呢喃的夜，一轮明亮的弯月挂在树梢。树荫下，草丛中，一双碧莹莹的眼，在暗夜里，幽幽地，闪着亮……

绿发水晶，尤其是猫眼绿发水晶，总让人联想到有关狐仙、精灵的故事。绿发水晶看起来特别灵异，它的猫眼效应虽然远不如红铜发等品种明亮，却独有一种幽幽的美。那种"幽"，真可谓"如怨如慕、如泣如诉"，令人从内心深处产生一种怜惜和疼爱之情。

绿发水晶中的绿色"发丝"，通常为阳起石。高档绿发水晶发丝饱满，颜色墨绿而纯净，具有非常清幽的猫眼效应。天然绿发水晶本来就特别稀少，品质好的绿发水晶，更是深受水晶藏家的推崇和追捧，其价格经久居高不下。

　　另外，还有一种在市场上被称为"绿碧玺发"的绿发水晶，其内包物可能为绿帘石或者绿色碧玺，半透明至透明，发丝较粗，算得上石中石，别有一种酷酷的美感。

简单明了

黑发水晶

秋日的天空很美，因为它很"空"，
很多时候，甚至连一丝云都没有。

　　秋日的天空很美，因为它很"空"，很多时候，甚至连一丝云都没有。秋深些的时候，树叶都掉光了，只剩下黑黑的光杆，将天空分割成一些干净的几何形。偶尔有一两只鸟，黑黑的影子，一掠而过。在这样简单明了的天空下，心也变得澄清而透明。坐在看得见天空的阳台上，静静地发呆，什么都可以想，什么都可以不想。

　　看黑发水晶的感觉，有点像看秋日的天空。很喜欢黑发水晶，因为它不一般的简单明了，像白水晶里面掺了一些黑色的头发丝——仅此而已。很长时间以来，黑发水晶一直属于市场上的冷门品种。它既没有艳丽的颜色，也没有奇异的内包物，甚至没有白水晶那种清纯感。它只有一份独特的、简约的时尚美，需要静下心来欣赏。

很喜欢黑发水晶，因为它不一般的简单明了，
像白水晶里面掺了一些黑色的头发丝——仅此而已。

黑发水晶属于棉裂多的水晶，极少有晶体干净清澈的。一旦出现晶体干净的黑发水晶，无论是小的坠还是大的手链，其价格都远远超出人们的预期。难以想象的是，这些清透的极品黑发水晶，往往还来不及出现在市场上，就被手快的藏家们分走了。

市场上，人们如果选择黑发，通常是注重它的"功能"。黑发水晶有着"领袖石"的外号，其内包物为黑色碧玺，有加强领袖气质、辟邪、化解巫术的作用。因此，很多人喜欢黑发水晶，只是看中它的"附加条件"，而不是它本身简单明了的美。

美神诞生
维纳斯金发水晶

维纳斯，是古希腊传说中的美神。意大利画家波提切利（Sandro Botticelli，1445—1510，佛罗伦萨画派的重要代表）在他的名画《维纳斯的诞生》中，再现了美神维纳斯从爱琴海中浮水而出，风神、花神迎送于左右的情景。那丝丝柔柔美丽的金发在风里飘摇，在阳光下展现出一种温柔的美。

金发水晶是水晶世界里的一个大类，细分下去也有很多种，金的、黄的、粗的、细的、弯的、直的……但是，只有一种细细的、密密的、柔柔的金发水晶，才有着最为独树一帜的名字——维纳斯金发。

喜欢在慵懒的秋日午后，就着一缕淡淡的阳光，静静地欣赏这种与美神同名的水晶。

维纳斯金发水晶的鉴赏与其他发晶不太一样。通常的发晶，尤其是铜发水晶等，在晶体透澈的前提下，"发丝"以直顺为美，最好又顺又闪，能具备猫眼效应。但是，维纳斯金发却是以丝丝细软的绕指柔发为美，并以其温柔、闪耀的光泽，令人欢喜赞叹。品质好的维纳斯金发水晶，晶体清透白亮，无棉裂或者极少棉裂，发丝细密、均匀，不成团结块（颜色成团结块会使看相和等级大打折扣），不掺其他杂色发。因此，同样是维纳斯金发，因品质的差别，价格可能相差极大。

金发景石水晶

秋天，自有它灿烂明媚的一面。

喜欢阳光暖暖地照着，无所事事地坐着，享受着那一份慵懒、一份惬意、一米阳光……

这块金发水晶属于罕见的景石类，有着独特的"秋日风景"。它内包的金色发丝呈束状，有很多束状的发丝集合在一起，呈"天地相接"的态势，留白处，是极透亮的干净晶体，给人一种疏落有致的美感。

喜欢这明媚金秋的感觉，秋霜还不曾来临，秋花开得正盛，麦田的金色，一路灿烂着，向天涯更远处延伸……

金发绿幽灵景石水晶

一座不知名的小山，一丛灿然寂寞开放的黄色小菊花，因为一个人的发现，而千古流芳了。

"采菊东篱下，悠然见南山。"

是陶渊明成就了菊与南山？还是菊与南山成就了陶渊明？

菊无语，寒来暑往，自开自艳自香自凋；山无言，春夏秋冬，任仰任踩任青任白。只有人，几千年了，吵吵闹闹地，来了，又去了……

这块金发绿幽灵景石水晶非常特别，其金发长成菊花状，一朵一朵散落着，绿幽灵也呈金字塔状，自然构成了一幅美妙的画面：一面是"采菊东篱下"，盛开着朵朵小小的菊花，金灿灿的，一簇簇，一层层，一直漫上去，既有点写实，又有点写意；另一面是"悠然见南山"，可看出里面一个全包裹的绿幽灵山高耸着。

"采菊东篱下"（正面）

"悠然见南山"（背面）

银菊竞瑞

银发水晶

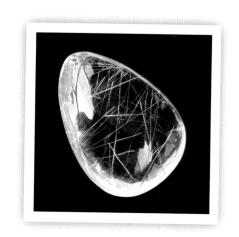

不以物喜，不以己悲，唯有菊。

当秋渐渐深了，风渐渐冷了，万物开始凋落，菊花，就在这一片萧瑟中，高调展示出最华美的舞衣。

那一丝丝长长地垂下来，那一把把卷卷地翘上去，那一束束密密地抖落开……百花之中，占尽国色、天香与神韵的，当数菊。但是，菊的性格是冷傲的，她不喜欢凑热闹，不喜欢别人把她的美丽拿来当做茶余饭后的谈资，因此，百花海选时，你见不到菊。当世俗的风竞相追逐着玫瑰、牡丹与芍药时，菊，只愿与不同凡俗的人，于竹林深处品茗论道，于小溪尽头坐看云起，于清风中、明月下，把酒言欢。菊，是真正的隐士。

不以物喜，不以己悲，唯有菊。

"人淡如菊"是一种境界。历史上真正能淡如菊的，屈指也数不出几个。春秋末期的范蠡当是菊，数居高位而急流勇退、隐姓埋名，成为屡散家财却始终穷不了的"商圣"。鬼谷子当是菊，

虽为大隐士，教出的几个学生，苏秦与张仪，孙膑与庞涓，不仅在当时纵横天下，其思想与事迹，一直被历代后世之人所研究、参悟。备受李白推崇的赵蕤当是菊，唐玄宗几番御召不至，一心退隐山林，凭一部《长短经》名震千秋，这部书曾被帝王列为禁书，却又是帝王自家的必读书，皆因读懂并能运用它的人，成王成贼，存乎一心。

再看看那些众人皆知的"菊"，其实，很多不过徒有其名罢了。"餐秋菊之落英"的屈原不是菊，是借菊行吟；竹林七贤不是菊，是以退为进；陶公渊明不是菊，是人凭菊贵……谁能"人淡如菊"？俗世之人，淡也就罢了，何苦糟蹋那菊？

孤标傲世携谁隐，一样花开为底迟？

秋深了，未免悲凉，好在，还有菊。

银发水晶通常晶体很干净，银白色的发丝呈曲线状，像一朵银色的菊花，盛开在虚空中……

亲恩难报

白发水晶

对于老人来说，
重要的不是节日，
而是平日里一点一滴的关怀。

农历九月九日，是传统的重阳节。《易经》中把"九"定为阳数，九月九日，两九相重，故而叫重阳，也叫重九。九九重阳，因为与"久久"谐音，九在数字中又是最大数，有长久长寿的含义，况且秋季也是一年收获的黄金季节，因此，古人认为这是个值得庆贺的吉利日子。我国把每年的九月九日定为"老人节"，也是沿袭了传统，并为传统赋予新的意义。

其实，对于老人来说，重要的不是节日，而是平日里一点一滴的关怀。能常回家看看最好，陪父母聊聊天，做一点家务事。虽然父母一辈子习惯了为儿女们付出，总希望能为孩子们做点什么，但是做子女的，总不能只报个到、吃餐饭，更不应该给家里的老人增添麻烦。

白发水晶总是那么让人难以面对，一如面对父母的白发。

白发水晶极为稀少，以至于人们常常把它和银发水晶混为一谈。其实，白发水晶完全不同于银发水晶。银发水晶的发丝是闪闪发亮的，带着一种金属的光泽，酷酷的。白发水晶却如同老人头上的白发，丝丝透白，根根记载着岁月的沧桑。

金玉良缘
钛晶

秋天是金色的。金色，不仅仅是成熟的颜色，也是珍贵的颜色。明艳的金黄色，很长时间以来，一直是古代帝王们的专用色。

钛晶，以其灿烂的金黄色板状钛丝，和传说中强劲的"功能"，一直高居"水晶之王"的宝座。钛晶是发晶的一种，有着金色光芒的钛丝和晶莹的晶体，兼具了国人最爱的金与玉的双重质感，备受追捧，几乎已经成为超然于发晶之外的独立品种。

据有关报道，钛晶中的钛丝，富含稀有元素二氧化钛，一方面，这使钛晶具有金子般的质感，另一方面，也使得"钛晶功能说"极富传奇。据说钛晶有六大能量：正财、偏财、人缘、辟邪、健康、防小人。它象征大吉祥、大富贵，如神佛加持。由于钛晶强劲的功能堪称"霸道"，佩戴钛晶饰物讲究"循序渐进"。身体较虚弱的人，并不适合一下子就长时间佩戴质量过好、重量过大的钛晶首饰。有时候，佩戴钛晶会有头晕、恶心甚至肢体麻木的感觉，这是能量不匹配的表现，最好先尝试着偶尔佩戴，等身体适应之后，再长时间佩戴。

钛晶以底子白亮，发丝成板状、闪闪发光为上品。如果是茶色底子，其价值将大打折扣。

钛晶好料难得，讲究取材。为了剔除原石上的一些黑斑、绵裂、杂质等，经常要用到雕刻技艺，因此，钛晶的雕刻件比较常见。

钛晶雕刻件，一直深受人们喜爱。由于大块、干净、发丝闪亮的料难求，钛晶雕刻品往往价格奇高，也更具升值潜力。

钛晶的真假识别，很有一番技巧，需要有敏锐的眼光、丰富的知识和精确的感知力。

钛晶价格昂贵，一直以来，人们都在想方设法"制造"钛晶。但由于钛晶在人工技术上的造假难度大、成本高、容易被辨认，人造钛晶比较少。

人造钛晶圆珠比较好辨认，其钛丝无论是粗细还是颜色，都异乎寻常地均匀。真的钛晶，里面的丝是实心的；假的钛晶，里面的丝通常是空心的。当然，一般出售这样的假钛晶以前，会把晶面上的洞给补起来，要仔细看才能看得出来。

随着极品钛晶价格的上涨，目前钛晶的造假，最常使用的是贴片技术，即真 + 真 = 假。把两片真的天然水晶紧紧贴合在一处，周边抛光，在暗暗的灯光条件下，很难辨认。贴片技术好的，不是遇上在水晶堆里炼出来的火眼金睛，在灯光强时也未必能看出。就算贴得不那么好，如果包上边，也很难分辨。同样的极品铜发、铜钛、绿发坠子，也经常有贴片的，所以，一般不建议买发晶类的包了边的坠子。

可能有人会问，既然两块都是真的，何必多此一举？一般品相的钛晶，确实没必要去造假。但是，如果是一颗极品钛晶（如钛晶花），却极为昂贵。以钛晶花为例，一朵天然的钛晶花，通常都伴生有很多棉裂，那种品样不好、到处一抓一大把的被称为"垃圾货"，价值不大。但是，如果把那朵花上面有棉裂的部分削去，而贴上晶体纯净的白水晶，就成为一朵极品钛晶花，其价格可以高达上千元甚至更高。

那么，如何识别贴片的钛晶呢？见多了钛晶，就会知道，钛晶不是乖孩子，它的钛丝喜欢到处乱长，有的甚至长成桀骜不驯的"编织纹"。所以，晶体里不同方向都充满了钛丝，就基本可以断定是件纯天然品了。当然，如果一朵花的各个方向都充满了杂乱的钛丝，也未必是件好事。

另外值得一提的是，钛晶虽然难造假，但也有不少人用金发水晶冒充钛晶进行销售。一般而言，区别钛晶和金发水晶并不难：钛晶的钛丝成"板状"，或者是"面条状"，金发水晶的丝是一根根或者一束束的"丝状"；钛晶的钛丝闪亮，具备猫眼效应，但一般不会有圆度效应，而冒充钛晶的金发水晶，猫眼效应也不错，而且同时具有圆度效应（圆度效应就是指将圆珠转动一周，会看到几乎每一个侧面都有"猫眼效应"）。

淡极而艳
雾凇发水晶

行到高处的人，常常很低调；
美到极致的物，往往很简单。

行到高处的人，常常很低调；美到极致的物，往往很简单。

以前不明白，为什么说"淡极始知花更艳"，当看到雾凇晶的时候，一切疑惑就会豁然消除。

原来，越是美丽的东西，越能展现其本质，越不需要其他修饰。低眉含羞问"画眉深浅入时无"的那个，也许是美女，但骨子里却分明透露出不自信；"淡扫娥眉朝至尊"的那个，才是真美女，淡极，美极，酷极，她只是静静地待在那里，等候众人的赞叹。

　　雾凇晶的少见与不张扬，使得有缘得见并能静下心来好好欣赏她的人不多。也因此，她的知名度远远低于其他品种的水晶。但是，雾凇晶从来不急不躁，她知道她很美，也知道她的美不一定会让人"眼前一亮"，但却越看越有内涵。那一点点或疏或密的白幽灵，仿佛于不经意间，点洒在丝丝发晶上，如雾绕，如霜凝，恰似"梨花一枝春带雨"，细赏之下，更叹"淡极始知花更艳"！

雾凇金发景石水晶

秋花惨淡秋草黄，耿耿秋灯秋夜长。

已觉秋窗秋不尽，那堪风雨助凄凉。

秋，越来越深了。

秋深了的天，有些灰暗；秋深了的树木花草，有着凋零前的凄美。

看，那一束束小野花，抓紧秋天最后一缕温暖的阳光，努力地在越来越冷的风中开放，纤纤地，瑟瑟地，在风里飘摇，给即将远行的人，平添一段忧伤——多情自古伤离别，更哪堪，冷落清秋节！

爱在深秋

黄发水晶

深秋的芦苇铺天盖地，别有一种壮阔的美。

我知道，冬必将来临，芦花也会凋尽。

深秋的芦苇铺天盖地，别有一种壮阔的美。面对冬季的来临，一枝枝纤细的芦苇密密麻麻地挤在一起，一齐奏响生命中最后的辉煌，是哀痛的，也是幸福的。

芦苇是一种很"贱"的草，看上去很纤细，很单薄，也很脆弱，既没有花的美貌，也没有树的伟岸，普通得不能再普通的模样。但芦苇天性纯朴，不择环境而栖，不惧风雨而立，柔弱里蕴藏着刚毅，朴实中透露出灵性。它是最普通的，也是最美丽的；是最平凡的，也是最伟大的。

普普通通的芦苇，如普普通通的芸芸众生——一个个再平凡不过，加在一起，绝不平凡。

冬 声

冬日"丝"语

三轮紫骨干水晶

冬，是一个"以退为进"的季节。

秋收冬藏。"藏"，是韬光养晦，意味着"休"、"止"、"静"。

"夫物芸芸，各复归其根。归根曰静，静曰复命。复命曰常，知常曰明。不知常，妄作，凶。"两千多年前，老子在《道德经》中的话，如今听来，依然发聋振聩。

小到细胞，大到整个人类社会，如果不懂得"停下来"思考、休整，很有可能误入歧途而不自知，那将是无比凶险的事！细胞中，具备无止境增长能力的，是癌细胞。这些超常健康的细胞无休止地增长，一直消耗着人体的养分，直到人死亡。人类社会的发展也不是无止境的，有时候，经济发展的停滞未必就是坏事。我们只有一个地球，过度消费，消耗资源，将使地球不堪重负，直到毁灭。

人，不能成为地球的"癌细胞"。

当季节进入冬天，人们的脚步也缓下来，开始了一年的总结、反省与调整。暂时的停滞，是为了更好地向前，冬，是一个"以退为进"的季节。

冬季是寒冷的，但温暖也同时在这期间孕育。喜欢雪莱的诗句——冬天已经来了，春天还会远吗？

懂得"停下来"的人，更加关注自身，不仅仅是思想，也包括身体。根据瑜伽理论，人体可划分为"三脉七轮"。所谓"轮"，可以理解为"能量中心"。懂得正确开发和运用自身能量的人，才能够成为完美的人——无论是精神道德层面，还是肉体健康层面。由于不同的能量中心有不同的颜色与之对应，很多人相信颜色丰富的水晶，尤其是发晶，具备超乎寻常的水晶功能。

三轮紫骨干水晶是自然界中一个很特殊的晶种。由于水晶在生长时的交错现象，造成淡紫水晶本身或其内包物呈现多种颜色，而其内包物通常呈现的奇异的紫、红、黑等颜色，对应人体的不同"轮"位，因而被称为"三轮紫骨干水晶"。三轮紫骨干水晶内包的发丝呈点状或条片状结构，在同一块晶石，甚至同一根发丝中，会出现两种以上的颜色。透过光线照射时，更加美丽闪烁，非常少见，也非常漂亮。三轮紫骨干水晶一直是备受藏家青睐的一个水晶品种。

圆圆满满
白水晶

白水晶的晶莹剔透，与冰类似，
却又有别于冰的寒冷与不堪接近。

　　提到水晶，人们往往首先会想到"白水晶"。就整个水晶家族而言，白水晶分布最广，数量也最多。白水晶的晶莹剔透，与冰类似，却又有别于冰的寒冷与不堪接近。它光而不耀，温润动人。因此，中国古代称水晶为"水精"，即"水之精华"；又称其为"水玉"，意"似水之玉"。白水晶是佛教七宝之一，被称为"摩尼宝珠"、"菩萨石"。此外，它还有"千年冰"、"放光石"等雅号。

　　自然界中，白色光被誉为"众光之母"，是红、橙、黄、绿、蓝、靛、紫等所有光色的综合体，代表平衡和美满。有人认为，所有的力量，都是由白光演化、扩散而来的，它是宇宙最高的能量，因此，白水晶又有着"晶王"的美誉。灵修人士借助白水晶的清净光来清除自身的"黑气"，即"不善业"，希望恢复本性的光明纯净。

　　人们常常说起水晶功能，甚至把它说得玄之又玄。其实，水晶只不过是一种集聚了亿万年地质、天然现象的物体，可能具备某种有待科学发现的特性，因此，作为一种心理需要，大家可以相信水晶功能，但绝对不可以迷信。学业、事业的成功，关键还在于自身的努力，不能一味依赖某种物质——无论是经"开光"的珠宝玉器，还是传说中具备"功能"的水晶。

白水晶能产生持续、稳定的震荡波，化解不良磁场带来的干扰，具有镇宅、辟邪、化煞的能力，也能使人头脑清晰，增强记忆力和理解力。一直以来，东方人将象征"圆圆满满"、"有求（球）必应"的天然白水晶球作为镇宅、聚福的宝物。有意思的是，西方的"预言师"们也总是喜欢在面前摆上一个天然白水晶球，用来"预测命运"。看来，文化同根，不仅仅是嘴上说说而已。

据说，将白水晶晶簇摆放在电脑、电视机、微波炉等电器附近，可以减轻辐射，能保护人体不受过多的电磁波干扰。当然，这些是属于意识范畴的事，信不信都有理由。信也罢，不信也罢，就当它是件摆设，也没什么坏处。

冬雾弥漫
白兔毛水晶

两个人，因为需要彼此依靠，

把手拉得更紧……

冬天的雾，像顽皮的孩子，说来就来了。浓浓的一大片，像是从天上兜头罩下来，又像是从身边的地里突地钻出来，一下子就迷住了人的视线，也不管你有没有心理准备。

喜欢冬天的雾，把一切都"隔开"来，把周围都"淡化"掉。在雾深处，隔着一种安全的距离，静静地，悄悄地，审视这个世界。一片朦胧中，世界变得含蓄起来：建筑的棱角不再那么锋利，灯光不再那么刺眼，人群不再那么密集；两个人，因为需要彼此依靠，把手拉得更紧……

喜欢白兔毛水晶，很白很干净的样子，丝丝"兔毛"，软绵绵地，轻飘飘地，像冬天的雾，让人在朦胧中，感受一种安全与温情。

在兔毛水晶中，白兔毛水晶相对较多，却是最可爱、最像兔子毛的一个品种。另外，白兔毛经常与一些透明的晶中晶共生，那些或大或小的晶中晶一闪一闪的，像雾里的星星，白兔毛水晶也因此而更具看点。

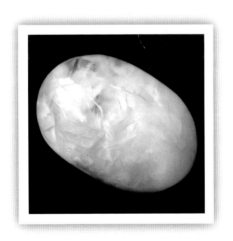

蓝色回忆

月亮石

佩戴月光石能给人带来好运,
给人以力量,并能唤醒心上人的温柔感情。

喜欢月亮石,喜欢那幽幽的蓝光。乍看时,仿佛只是淡淡的乳白色,却在你转眼的当儿,于不经意间,忽然显现那样灵动的一抹蓝,稍纵即逝。

高档月亮石晶体半透,很干净的样子,蓝光很强,感觉很有点"灿烂"的味道。佛陀微笑的面庞,一如山冈上那轮静静的秋月,圆满、宁静、美丽、永恒……

月亮石,英文名 Moon Stone,直译为月光石,属长石类。"青光淡淡如秋月,谁信寒色出石中",作为长石类宝石中最有价值的品种,月光石静谧而朴素,透明的宝石上闪耀着蓝色的光芒,令人联想到皎洁的月色。它所散发的温婉之美正是其魅力之所在。古时候,世界上很多国家的人都认为佩戴月光石能给人带来好运,给人以力量,并能唤醒心上人的温柔感情。

极地蓝冰
蓝色菱锌矿

伸手，袖底是如此恬淡，
又如此典雅的一抹蓝，
心情，会自然而然地好起来。

像高山之巅一泓亘古沉静的湖水，像原野尽头一汪只等待天鹅降临的湖泊，像冰川断崖上不想跌落尘世的蓝冰——菱锌矿，从来就是那种"曲高和寡"、"阳春白雪"的仙子。她美丽而个性，于冰冷中透着温情。她是冰川天女，人们尽可以想象她美丽的容颜，却少有人可以真正接近；她是空谷幽兰，与其被带入市场成为讨价还价的目标，她宁可选择独对寂寥。

蓝的、绿的、白的混合色调，仅做简单抛光，就能淋漓尽致地展示那发散形的纹路……在冬日阴霾的日子里，泡上一杯碧螺春，随手翻阅《瓦尔登湖》，伸手，袖底是如此恬淡，又如此典雅的一抹蓝，心情，会自然而然地好起来。

好东西和好人一样，有时候，不一定要很多人欣赏，自己知道她很好，就足够了。

菱锌矿是一种成分为碳酸锌的矿物，一般产在铜锌矿床的氧化带中。蓝色菱锌矿稀少而美丽，白色菱锌矿却是一味传统的中药材，名"炉甘石"，具有收敛、防腐的功效。炉甘石自古以来一直被作为皮肤科和眼科的良药使用，有着"眼科圣药"的美誉，又称"炉眼石"。根据《本草纲目》记载，"炉甘石，阳明经药也，受金银之气，故治目病为要药"，能"止血，消肿毒，生肌，明目去翳退赤，收湿除烂，同龙脑点，治目中一切诸病"。

菱锌矿，果然，很"养眼"！

海洋之花

拉利玛

很早以前，在加勒比海岛屿的土著印第安人就知道这种宝石。对印第安人来说，它能给人带来健康和好运，还可以保护家人不被疾病和灾难所伤害。在西班牙殖民统治时期，这种认知被遗失了。

1916 年，西班牙一位名叫 Miguel Fueres Loren 的神父，重新发现了这种宝石和它的根源。但是，很快又被遗忘了。直到 1974 年，美国和平部队的志愿军 Norman Reilly 和多米尼加的地质学家 Miguel Mendez 一起，最终确定了这种宝石的发源地。这种石头开始被人们称为 Larimar。这个名字来源于 Mendez 女儿的名字 Larissa 和西班牙语中大海的名字 Mar，意指 "无与伦比的蓝色"。

Larimar，石如其名，有着海洋般的蓝色，以及蓝绿色夹白色的形态，如浪花朵朵盛开在大海上。因为它蓝白的纹理如同波浪一般美丽，所以在台湾地区，人们又称之为 "水淙石"。这种珍

贵的石种，据说，目前全世界唯一的产地，是多米尼加共和国，产量非常稀少，是该国的国石。

Larimar 外形酷似菱锌矿，为含铜的一种针钠钙石，呈不透明的各种深浅蓝色或蓝绿色，常带有红棕色杂质。硬度 4.5~6，可溶于盐酸，因此，佩戴时应避免汗水侵蚀。

自然界很多矿物、石种并不适合作为饰物，拉利玛便是其中的一种。从某种程度上说，拉利玛是拿来欣赏的，不是用来佩戴的。纯粹的收藏者，爱好它美丽的蓝色，希望在某个特定的时候，掬一把在手，细细赏玩。这，只是一种很私人的爱好。如果将之作为一种饰物，不加珍惜地佩戴，那么，随着时间的推移，人体的油脂、汗水对它的侵蚀，将是致命的。久之，它会失去美丽的光泽，继而慢慢地，变得面目全非。因此，很多收藏，之所以被"收藏"着，只是因为，它们太娇贵。

夜宴迷情
紫锂辉

它是冬夜的精灵，美丽、冰冷，
让人无法接近，又难以忘怀。

　　紫锂辉，如丁香般淡雅，如寒冰般闪亮。它是冬夜的精灵，美丽、冰冷，让人无法接近，又难以忘怀。这种娇贵的石种逐渐引起人们的注意，不仅仅因为它的昂贵，更因为它的娇贵——美丽却怕光。无论是阳光的炙烤，还是灯光的长久照射，都会令它黯然失色。也因此，紫锂辉有一个贴切的外号，叫做"夜宝石"。也许，都市女人就是"夜宝石"，害怕长久的日光暴晒和炙烤，只有在夜里，才像猫一样地苏醒过来，闪着灵动的眼，摆动着裙袂，在城市的灯火阑珊处，优雅着，高贵着。

　　紫锂辉石（Kunzite）又名"孔塞石"，1902年发现于加利福尼亚。锂辉石是一种含锂元素的矿物，有紫、红、黄、绿等多种颜色。无色透明至紫色的称为"紫锂辉石"，绿色的称为"绿锂辉石"，而红色、紫红色和黄色的，是锂辉石的变种，没有特别的名称。

　　紫锂辉石有两个显著的特征，一是具备与钻石光芒相似的"火彩"；二是具有"多向色性"，从不同的角度观看，会呈现出不同的色彩。因此，在灯光或是烛光的照射下，光线仿佛能在紫锂辉饰物上自由"流动"。它美丽多变的颜色，玫瑰色、粉红色、丁香紫、淡紫色、冷紫色、苹果绿等缤纷绚丽、流光溢彩，能展现一种灵动的、娇媚的、难以捉摸的美。在宴会上佩戴紫锂辉饰物，会赢得一片赞美之声。

咫尺天涯

晶中晶

　　晶中晶，又名石中石、石簪子等，是一种特殊的包体水晶，通常是指水晶中包裹着其他矿物晶体或晶形的情形，分全内包和半包两种。全内包是指其他矿物晶体被完整地包裹在水晶当中；半包是指被水晶包裹的矿物晶体有一部分露出水晶表面。

　　有的晶中晶是水晶中包裹着矿物晶体，而有的却是包裹了发育成其他矿物形态的"假象"和只保留了外形而其中矿物已经流失的"空晶"。也就是说，有些晶中晶水晶内包的是实心的水晶或者其他矿晶体，有些内包的却只是空心的腔。空心腔的形成原因是多方面的，有的是由于水晶生长过快，有些是水晶在生长的过程中遭遇外部环境影响而引起发育变异的结果。

　　大部用于分析矿物成分的仪器都对晶中晶中所含的矿物无能为力，因此，全内包晶中晶的成分是难以确定的。除非砸开它取出包体去化验，否则永远不可以确凿地认定它究竟是什么。这种美感与神秘感也是令诸多水晶收藏家对晶中晶（尤其是全内包晶中晶）等包体水晶格外青睐的原因。

半包晶中晶 "我为峰"

登得更高，是为了望得更远，望得更远的目的，也许，是为了思得更深。
思想的高度，决定了人性的高度，也决定了人生的价值。

海到无边天作岸，山登绝顶我为峰。
                        ——林则徐

这是一块半包的石中石象形水晶，其内包的一块石中石，如山峰般陡峭，山上立有一个小小的"人"，很有"超凡脱俗、羽化登仙"的味道。这个"人"，颜色不同于脚下的山体，他通体淡金色，果然是"山登绝顶我为峰"！

半包晶中晶"万年一剑"

冬深了，风刀霜剑逼得紧。

冬季，适合读史书。冬读史，大概更能引发一种"冷静"的思考吧？有时候，把书中的故事抽剥出来，哪怕是小小的一件事物，如"剑"，也能令人感叹再三：

> 千年青史盈剑气，干将莫邪费思量。
>
> 萧萧易水壮士走，滚滚乌江霸王留。
>
> 拂剑扬眉侠客志，醉里挑灯英雄谋。
>
> 万年一剑凭谁铸？天地造化鬼神酬。

中国千年的历史，充满了"剑气"，是一连串王侯将相、国恨家仇、英雄美人与"剑"并存演绎的故事。最早最有名的剑匠，莫过于楚国的干将莫邪夫妇，为剑而生，为剑而死，一生爱恨情仇托付于剑。

易水边，壮士一去不复返，图藏利剑而永诀，悲凉中透露着正气；乌江岸，虞姬拔剑自刎，霸王仗剑而战，惨烈中燃烧着柔情。

诗仙李白赞崔五郎"起舞拂长剑，四座皆扬眉"，何尝又不是隐喻了自己的心愿呢？能以侠客兼诗人身份行吟，却不能官场扬眉得志；辛弃疾醉里挑灯看剑，为"宝剑配英雄"的千古佳话留下一段精彩注释，却不能尽其意愿为国而谋！

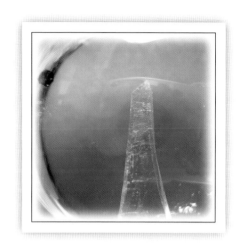

围绕一柄剑，古往今来，发生了多少催人泪下的故事！

然而，人类的历史终究是"短暂"的，在自然面前，在地质年代面前，人类，真可谓是"寄蜉蝣于天地，渺沧海之一粟"，是那样的渺小和微不足道！不信？就看看眼前这把"万年磨一剑"吧。它是水晶石中自然所生之"剑"，呈扁平状。铸造这样的剑，以地质年代而论，恐怕不只需要"万"年，而是"亿"年的时间了。因此，铸成一柄这样的"剑"，唯有靠天地自然的力量来实现了！

冬之令牌

令牌水晶

　　寒冷的气候条件下，人们有饮酒御寒的习惯，因此，北方人通常善饮而性情豪爽。酒能引发豪情万丈，却也能让人头脑昏聩。古人对于酒的品赏，很注意节制，并留下了许多佳话。"花看半开，酒饮微醉"，这种意境，几人能识？其实，很多事物就如同酒一样，过多了就不好。过犹不及，节制是美。

　　古人饮酒，喜欢行酒令。酒令是筵席上助兴取乐的饮酒游戏，最早诞生于西周，完备于隋唐，盛行于明清。饮酒行令，不光要以酒助兴，往往伴之以赋诗填词、猜谜行拳之举，它要求行酒令者敏捷机智，有文采和才华。因此，饮酒行令既是古人好客传统的表现，又是饮酒艺术与聪明才智的结合。行酒令时，通常有令官和令牌，取"号令三军"之义。令牌可以有多种形式，常见的是一头较大一头较小的牌状物。

水晶中，也有一种叫"令牌水晶"的奇特品种。

根据水晶的生长特性，一般晶柱都长得上下一般粗。但是，在某些特殊情况下，可能长成异形，出现诸如一头大一头小、垒叠生长等特殊情况，人们将一头大一头小的水晶，称为"令牌水晶"，也有人形象地称之为"权杖水晶"、"眼镜蛇水晶"。令牌水晶成因独特，代表了一种特殊的地质现象，比较少见。人们相信令牌水晶具有超乎寻常的号召力，因此，很多人追求令牌水晶，并不是看重它的地质特性和收藏价值，而是看重水晶"功能"。

一块"令牌"已是奇特，如果一块"令牌"被永久地"冻结"在水晶中，形成"晶中晶令牌"，则更是令人啧啧称奇了。

冰封记忆

水胆水晶

　　一滴水，在世界上流浪，不管走过的路多么曲折，海，都会等着它。但是，有的水就没那么幸运，也许要经过很久很久的时间，可能到地老天荒，才能突破封锁与围困，重新走向自由，走向新生。这，就是水胆水晶。

　　一颗水晶的形成，可能要经历几千万年甚至上亿年的时间。那时候，世界还是一片蛮荒。一滴水，由于偶然的机缘，竟然被包裹在水晶中，连同它一起的，可能还有空气和石墨。就这样，一颗水胆水晶，带着关于地球历史的记忆，穿越时空，从古老走向现代。水胆水晶，说着那些地老天荒的故事，那些远古的寂寥与空旷，那些看着人类出现并"长大"的新奇与担忧——尽管，如今，还没有人能真正读懂它。

一颗水胆水晶，带着关于地球历史的记忆，穿越时空，从古老走向现代。

　　据说水胆水晶中包裹的水与岩浆水的成分极相似，被奉为"处女水"，人喝了它，可以延年益寿。其实，喝这种早在地球上出现人类以前，就已形成的"纯净"水，未必就真能延年益寿，只不过是释放了那滴水，让它重新回到自然的循环中。

　　北宋科学家沈括曾在他的《梦溪笔谈》中记载："士人宋述家有一珠，大如鸡卵，微绀，莹澈如水。手持之，映日而观，则末底一点凝翠，其上色渐淡。若回转，则翠处常在下，不知何物，谓之滴翠。"据考证，这颗"滴翠珠"就是水胆水晶。"微绀"为浅紫色，凭此判断，"滴翠珠"应该是一颗水胆紫晶。

空即是色
水路(水胆)景石水晶

冬季，因天冷的缘故吧，
身体停下来了，思维却变得异常活跃。

冬季，因天冷的缘故吧，身体停下来了，思维却变得异常活跃。

冬天，就着一盆暖暖的炭火，一杯新沏的清茶，读一遍《心经》，反省自身与宇宙万物的关系，是一种至高的享受。《心经》中最"著名"的话，大概就是"色不异空，空不异色；色即是空，空即是色"。有意思的是，这四句话，既是被当今人们引用得最多的，也是被误会得最深的。很多人都狭隘地将"色"理解为"女色"，将"空"理解为"绝对无"。其实，《心经》中的"空"，应理解为"能量"；"色"，可以理解为"物质"。这四句话用现代语言勉强翻译出来，意思是：物质是由能量构成的（色不异空），能量也是一种"物质"（空不异色）。因此，我们"看得见摸得着"的种种有形物质，可以转化为"看不见摸不着"却真实存在的能量（色即是空）。同样，宇宙能量是万物之源，可以转变成为各种物质（空即是色）。

且不论这些说法的对错，流传了两千多年的佛教，这种被历代高僧大德、大学者，甚至科学家们所研究、参悟，并一直发展着的思想体系，绝对不是用"无知"与"愚昧"可以轻易解释的。当人们静下心来，深入地去了解，也许，会发现另一片天地。

有一种美，因为"无"；有一种色，因为"空"。

水路（水胆）景石水晶，在无色透明的晶体中，包含了很多奇形怪状的内包物，有的像飞碟，有的像密电码，有的像一束透明的钢针，有的像风吹过水面留下的纹路……这是一种非常特殊的水晶。有人说里面是"晶中晶"，其实，很多情况下，它里面那一点点、一层层、一片片的，不是实心的"石"，而是空心的"腔"。如果空"腔"中恰巧有水分留存，那就是水胆水晶。水路（水胆）景石水晶是一道独特的风景，有着清透、神秘、离奇的意境。

瑞雪丰年
白幽灵水晶

"忽如一夜春风来，千树万树梨花开"。

好不容易熬过一段阴冷的日子，终于盼来了一场酣畅痛快的大雪。那漫天飞舞的雪片，如鹅毛，似飞絮，铺天盖地而来。看着漫天大雪，心情，仿佛也释放开来，忍不住伸出双臂，去拥抱虚空中那真实存在的"冬"。

雪，落在树梢上，所有的树都挂上了同一种花，都"花枝招展"起来；雪，落在旷野里，盖住了崎岖不平、美丑善恶，大地只剩下单纯的一片白茫茫；雪，也落在人们的头上，落入眼中、融进心里，给期待来年的人们一个美丽的期盼——瑞雪兆丰年！

有一种水晶酷似茫茫白雪，它就是白幽灵水晶。与绿幽灵水晶中所包裹的绿泥石不同，白幽灵水晶尽管与绿幽灵水晶形状酷似仅颜色不同，但它其中的物质究竟是什么，业界至今仍争论不休。然而，这些都并不影响人们对白幽灵水晶的喜爱，因为这种水晶有着一个非常独特的特点，它就象冬天的雪一样，有着净化、清洁的作用。不同的是，白雪是净化大地，而白幽灵水晶可以帮助清除不良记忆，是净化人心。

白幽灵金字塔水晶

中国的方块字很会意，很好玩：人在谷底是"俗"，人登山顶为"仙"。

山谷中满目苍翠是绿，是俗色；山顶上雪色皑皑为白，是仙颜。山谷里有往来行者，有鸡飞狗跳，有世外桃源；山顶上是人迹罕至，是万鸟飞绝，是高处不胜寒……然而，无论是怡红快绿，还是银装素裹，都是一样的美。

当地球人都知道绿幽灵金字塔水晶的时候，另外有一种同样是幽灵、同样是金字塔、同样美丽的水晶，却不为人知。它素面朝天，它超凡脱俗，它是琼楼玉宇，尽管高处不胜寒，却，风景这边独好！它就是——白幽灵金字塔水晶。

看过太多的绿幽灵，如果一抹白就这样淡淡地掠过，轻柔曼妙，纯净无瑕，该是怎样地令有缘一睹芳姿的人"惊为天人"啊！

鬼斧神工

象形水晶

象形水晶可说是景石水晶的一种，但它又有着更为鲜明的特征，那就是其中的包裹体所构成的景观，或是人物，或是动植物，或是器物，甚至山川名胜等，都具备象形的特点。能构成象形水晶的包体成分有幽灵、发晶、晶中晶、胶花等。

如果说一般景石水晶所展现的意境是抽象的、写意的，那么象形水晶所展现的形象则是具体的、写实的。欣赏景石水晶可能是"三分相像，七分想象"，欣赏象形水晶则可能反过来，是"七分相像，三分想象"。对于景石水晶的欣赏，人们会更多地带着各自的主观意识，可能一石多景，众说纷芸，同一颗水晶，在某些人眼里是春花烂漫，在其他某些人眼里则可能是秋桂迷离。象形水晶则不同，其中景观可以很快地被识别。有些能令人一眼认出，更多的，往往有着乍看不像、越看越像的趣味。

象形水晶是自然造化、鬼斧神工，令人叹为观止！象形水晶是水晶藏家追求的极致，这也使得原本就稀缺的象形水晶，其价格更加高不可攀。

"焰火"

小时候很盼望过大年，因为可以放花炮。最喜欢一种叫"全家乐"的花炮，三寸来高的一小支，在那个时候就算大的了，上面的画面是一家子手拉手，围着一个大焰火正乐呢。那花炮燃放起来挺漂亮，喷出一束一人来高的金色火焰，中间夹杂着彩色光团，燃放的时间还挺长。

后来，花炮越做越大，火焰越喷越高，快乐却越来越少。

很怀念小时候那种简单的快乐。这些焰火象形水晶，让人又有了盼望过大年的心情，想起了那支小小地"全家乐"和那种"心花怒放"的情形。

伴随着季节的韵律，人们来到了"年"的面前。

对于中国人来说，"年"，是那样的神圣，那样色彩迷离。年是什么？传说中，年是一个沉甸甸的谷穗，年是一只怪兽；传统里，年是祖先的供品，年是神灵的享馔；在城市，年是霓虹灯，年是狂欢夜；在乡下，年是红旺的火，年是洋溢的欢声笑语……

"有钱没钱，回家过年"，一年一度的"春运"，是地球上规模最大的人口转移。年，是流动的亲情；年，是回家的渴望！这一天，华夏民族，家家户户要欢欢喜喜过大年！年，是年糕，是团年饭；年，是响亮的爆竹，是冲天的焰火；年，是旧的终结，也是新的起点！

年为新，年为大，过年，也叫过新年，过大年。年，是新的开端，因此，年，是春天的节日——春节。

　　浪漫的中国人，在这天，在这夜，会共同期待、守候一个声音——新年钟声。新年的钟声敲响了，神州大地，爆竹声声不绝于耳，烟花朵朵此起彼伏，大家笑着、跳着、叫着，模糊了一切背景：认识的、不认识的，关系好的、关系差的，有钱的、没钱的……遇上了，都笑逐颜开地互想祝贺"新年快乐"、"恭喜发财"、"吉祥如意"。是怎样的凝聚力，让十多亿人口一同期待？是怎样的号召力，让千千万万百姓发出一个声音？是中华民族五千年灿烂辉煌的文化传承，是诸子百家五千年传统礼制的厚重积淀，是华夏儿女五千年来民族融合血浓于水的不变亲情！

　　举国欢庆中国人，火树银花中国年！

　　一沙一世界，在这颗颗如尘埃般的水晶"沙"中，我们来欣赏一个火树银花的"世界"吧！

天然水晶的评价标准

　　本书在介绍常见天然水晶的基础上，对一些稀有品种和特殊内包物水晶进行了展示和说明，希望广大读者朋友们能进一步了解水晶，喜爱水晶，懂得欣赏水晶。

　　作为一种宝石，天然水晶无疑是适用某些"评价标准"的。在一般条件下，这些标准都不错，但是，如果将之奉为金科玉律，无论在什么场合，无论对什么类型的水晶，都生搬硬套，按图索骥地去找水晶，就大错特错了。其结果，可能不是找来一只"癞蛤蟆"，就是错过真正具备升值空间的"千里马"。作为一种常被赋予种种文化气息的晶石，天然水晶的评价，意境，往往超越教条。在此，想申明几点：

　　一、天然水晶的评价标准依据不同的个体而有所不同，没有绝对性。对特定水晶的分析说明，也不具备普适性。

　　二、水晶的棉裂情况并不是绝对的评价标准。

　　三、同一件东西，参照物不同，会产生不同的结果，因此，一件东西的"好"与"坏"，是在"比较"条件下得出的"相对结论"。

　　通常情况下的标准，之所以不能成为绝对准则，有其必然的原因。这里，我想从文化渊源、晶石种类、标准确立等方面，进行简单说明。

　　中国传统文化的积淀，决定了中国人的审美观不同于西方人，也因此产生了不同的评价标准。在中国传统中，对天然水晶的欣赏喜好由来已久，人们自古对"玉"（其中一部分属于今天广义的水晶类）的钟爱历程，既是一部玉史，也是一部文化史。而中国人对"美"的定义非常具有开拓性，那就是——以不确定性为美，以模糊为美。因此，也只有在中国传统文化载体中，能有飞白的字、写意的画、断续的琴韵和语言平实而意境莫测的诗词。数千年的文化积淀，使得中国人与西方人有着迥然不同的审美习惯和情趣。因此，在华人圈子里，对天然水晶的欣赏，不可避免地带有不确定性，所谓仁者见仁，智者见智，对同一样东西的评价，可能失之毫厘，差之千里，这，不足为怪。

天然水晶的收藏是一门学问，更是一门艺术。见多识广只是基础，有时候，一件东西的美，在于发现，在于发掘。因此，才有东海"哈雷彗星"的传奇：一颗从地摊淘来的仅 10 元的水晶块，因淘者看出其中的内包物呈哈雷彗星的星云状物，据此，这块水晶的身价竟高达十数万元！可见，对于天然晶石的评价，在具备一定专业知识和经验的同时，更重要的，还要有善于发现的眼光。

天然水晶的类型、品质是影响其评价结果的主要条件，但也要灵活运用，具体情况具体分析。对于不同种类的天然水晶有着不同的评价标准，如粉水晶要粉透，紫水晶应该颜色浓艳等，大家应该都能理解，但对于同一种类的水晶也有着不同的评价标准，对此，可能有些人就难以理解了。其实，这正是天然水晶的魅力所在——不确定性。比如说，石榴石是一个庞大的宝石家族，既有常见的红榴石，又有较少见的橘色锰铝榴石，更有罕见的绿色翠榴石（钙铁榴石的一种），对其评价，品质标准可能不再是"铁律"，"稀有度"更能确定其价值。一颗上好的红色石榴石，其价格可能远不及一颗品质不太好的翠榴石。优质的翠榴石的价格可接近甚至超过同样颜色祖母绿的价格。因此，在很多情况下，对天然水晶的评价并不能单纯以"棉裂"论评价。

标准是在发展中逐步被确定的，标准本身具备不确定性。由于天然水晶收藏尚处于发展阶段，有些标准也是各执一词，并没有达到业内人士普遍认可的程度。所谓的标准，是在一个特定场合、特定条件下，对特定东西的个性评价。虽然有些标准在目前没有得到普遍认可，但是，在相当一部分人群中，还是有很高的认可度的。随着天然水晶热的进一步升温，一些原本模糊的标准也趋向于被普遍认可。

有些标准是列入学术范畴的,而学术问题,总是有些争论的。再加上新发现的层出不穷,人们认识的东西越来越多,对天然水晶的评价与收藏,永远具备不确定性。

明确的标准也会因人而模糊。在不同的场合,面对不同的人,所谓的标准也会不同。就我本人而言,如果面对一个完全不懂水晶的人,只有化繁为简地说"有棉裂的不好"、"品相好而无杂质的为上品"、"石榴石以玫瑰色最好"等;如果是面对圈内玩水晶的朋友,自然又是另外一种标准,如"绿幽灵挂点红皮也好"、"冰种红纹石有白纹也耐看"、"黑发晶发丝够粗(非'够顺')很好"、"菱锌矿只有少量黄渍、似裂也不错"等。所以,如果要求一个菱锌矿手镯没有丝毫似裂生长纹,或者要一串无棉裂的顺发黑发晶手串,或者要求一串红纹石手链完全没有一点白丝或云纹,那几乎是不可能的。退一步讲,就算是有那种等级的东西,其高昂的价格,恐怕也足够让人倒抽几口冷气。因此,如果有人苛求那种"仅仅在理论上存在"的东西,我只好说"找不到"。

说来有意思,我在国内水晶收藏爱好者圈中找不到的东西,却有客户在某繁华街段的店铺找到了。曾经,一位朋友颇为自信地告诉我说,在那里有完美的红纹石手串,又红又透,还没有白纹。我很有些惊诧世界上居然有那种货?而且,居然还能出现在市面上?于是特意去看,结果发现那根本就是一串人造的红色锆石!一般的晶石收藏者,通常是以珍稀、高质为准绳,收藏一些石种常见却好货不常有的精品,但是,过分要求晶体的完美,则很有可能一叶障目,发生诸如此类错把人工红锆当红纹的笑话。

很欣赏青原惟信禅师说的:老僧三十年前还未参禅时,看山是山,看水是水;后来经过老师指点,有了个入处,看山不是山,看水不是水;如今得了一个休歇之处,看山还是山,看水还是水。未参禅前的"看山是山,看水是水",是常识境界,也就是对晶石的直觉认识。随后的"看山不是山,看水不是水",了解到"山"和"水"的表象,一切都起于对它们的细微差别的认知,这就需要专业眼光。最后的"看山还是山,看水还是水",则是超越"是"与"不是",统合外物与内心,终于返璞归真,这是超越对立,能化腐朽为神奇的境界,也是开悟境界。如果一个人的欣赏水平是处在"看山是山，看水是水"的阶段，能一眼看出晶石的种类和基本的级别，他也许还只具备识别真假水晶的能力；如果遍览百宝，阅尽千般，终于"看山不是山，看水不是水"时，或许才开始真正走入水晶鉴赏之门；如果等到有一天"看山还是山，看水还是水"时，鉴赏功力或许已达到炉火纯青的地步。到那时，可能手中有宝，心中无石，能将极品美石与玻璃弹珠混在一起，玩得不亦乐乎……这意境，是实，是石，也不仅仅是石。个中禅趣，如人饮水，冷暖自知，岂可言传！

　　此书为抛砖引玉之用，希望推广水晶赏石文化，促进交流，好石共享。如果喜欢水晶的朋友们能从中获得一点启发、一点感悟、一点收益，那就是这本书最大的成功了！

参考书目

[1] 张蓓莉.系统宝石学（第 2 版）（国家珠宝玉石质量检验师（CGC）考试考前培训指定教材）.北京地质出版社，2006.

[2] ［英］卡莉·霍尔.宝石——自然珍藏图鉴丛书.中国友谊出版公司，1997.

[3] ［英］克里斯.佩兰特.岩石与矿物——自然珍藏图鉴丛书.中国友谊出版公司，1999.